兵团南疆生态承载力与保护修复关键技术集成研究

王　波　王夏晖　何　军　张旭云　郑利杰　等　著

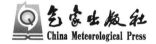

气象出版社
China Meteorological Press

内容简介

　　本书以保障兵团南疆绿洲生态系统安全为总体目标,坚持问题导向、目标导向,以兵团风沙危害严重团场等生态严重区为重点,研究提出兵团南疆生态承载力及其空间变异特征,结合生态环境现状和产业发展规划,研判不同师团存在的突出生态问题,建立兵团南疆绿洲生态保护修复关键性技术体系,按照"山水林田湖草生命共同体"理念,系统提出兵团南疆绿洲生态系统保护修复总体战略,总结城镇、团场和连队绿色发展模式,提出兵团南疆生态保护修复重大对策建议,为践行兵团向南发展战略、富民强边促和谐提供强有力的科技支撑。本书可供生态承载力、生态保护修复等专业相关人员参考。

图书在版编目(CIP)数据

　　兵团南疆生态承载力与保护修复关键技术集成研究 /
王波等著. -- 北京 : 气象出版社,2022.11
　　ISBN 978-7-5029-7866-2

　　Ⅰ. ①兵… Ⅱ. ①王… Ⅲ. ①生产建设兵团-生态环
境-环境承载力-研究-南疆②生产建设兵团-生态环境
保护-研究-南疆 Ⅳ. ①X321.245

中国版本图书馆CIP数据核字(2022)第231022号

审图号:GS京(2022)1115号

兵团南疆生态承载力与保护修复关键技术集成研究
BINGTUAN NANJIANG SHENGTAI CHENGZAILI YU BAOHU XIUFU
GUANJIAN JISHU JICHENG YANJIU

出版发行:气象出版社			
地　　址:北京市海淀区中关村南大街46号		邮政编码:100081	
电　　话:010-68407112(总编室)　010-68408042(发行部)			
网　　址:http://www.qxcbs.com		**E-mail**:qxcbs@cma.gov.cn	
责任编辑:蔺学东　毛红丹		终　　审:吴晓鹏	
责任校对:张硕杰		责任技编:赵相宁	
封面设计:艺点设计			
印　　刷:北京建宏印刷有限公司			
开　　本:710 mm×1000 mm　1/16		印　　张:10.5	
字　　数:165千字			
版　　次:2022年11月第1版		印　　次:2022年11月第1次印刷	
定　　价:68.00元			

本书如存在文字不清、漏印以及缺页、倒页、脱页等,请与本社发行部联系调换。

《兵团南疆生态承载力与保护修复关键技术集成研究》主要编写人员

王　波　王夏晖　何　军　张旭云　郑利杰

车璐璐　戴　超　宗慧娟　张笑千　石庭山

王霜玉　刘　洋　卢响军　赵　伟　王邵俊

徐　盖　江宜霖　曹　君

前　言

　　生态保护和修复是守住自然生态安全边界的重要保障,是推进生态系统质量改善的重要措施。党的十八大以来,习近平总书记高度重视新疆和新疆生产建设兵团(以下简称"兵团")生态环境保护工作,并作出了一系列重要指示和批示。在兵团考察时,习近平总书记明确要求兵团把生态文明理念贯穿始终,殷切希望兵团当好生态卫士;在第二次中央新疆工作座谈会上,习总书记高瞻远瞩地提出了加强南疆兵团建设;他在参加十二届全国人大五次会议新疆代表团审议时强调,"要加强生态环境保护,严禁'三高'项目进新疆,加大污染防治和防沙治沙力度,努力建设天蓝地绿水清的美丽新疆";在第三次中央新疆工作座谈会上他又指出,"要坚持绿水青山就是金山银山理念,坚决守住生态保护红线,统筹开展治沙治水和森林草原保护工作,让大美新疆天更蓝、山更绿、水更清"。习近平总书记关于新疆和兵团工作的指示批示精神,为深入开展兵团南疆生态保护和修复提供了根本遵循和行动指南。

　　兵团党委、政府始终牢记习近平总书记"建设美丽新疆、共圆祖国梦想"的殷切期望,坚持"抚育山区、稳定荒漠、优化绿洲"方针,突出向南发展,加快推进环塔里木盆地周边防沙治沙建设,持续强化环塔里木盆地"三道屏障",加大三北防护林、退耕还林、退牧还草、国家级公益林管护、排盐治碱、节水灌溉、草原生态修复治理等重大生态工程建设力度,与自治区共同构建帕米尔—昆仑山—阿尔金山荒漠草原生态安全屏障,生态建设取得显著效果。虽然兵团南疆生态状况实现了整体遏制、局部扭转,但近年来经济发展过度依赖能源资源开发,土地沙化扩展趋势还未得到根本扭转,局部地区水土流失、荒漠化、盐碱化、森林草地等生态系统退化问题依然突出。《新疆生产建设兵团"十四五"科技创新规划》也明确提出,要开展荒漠植被与防护林网结合的防风固沙体系的整体协同配置技术研究,集成水土流失综合治理模式优化配置和效益评估关键技术体系。面向兵团南疆突出的生态问题和技术需求,迫切需要开展兵团南疆生态承载力与保护修复关键技术集成研究,明确不同团场和连队生态、资源、环境突出问题,系统集成一批面向生态脆弱区、符合南疆特点的关键性保护修复技术,有针对性地提出荒漠绿洲生态系统保护修复的总体战略和对策建议。

本书以保障兵团南疆绿洲生态系统安全为总体目标,坚持问题导向、目标导向,以兵团风沙危害严重团场等生态严重区为重点,研究提出兵团南疆生态承载力及其空间变异特征,结合生态环境现状和产业发展规划,研判不同师团存在突出的生态问题,建立兵团南疆绿洲生态保护修复关键性技术体系,按照"山水林田湖草生命共同体"理念,系统提出兵团南疆绿洲生态系统保护修复总体战略,总结城镇、团场和连队绿色发展模式,提出兵团南疆生态保护修复重大对策建议,为践行兵团向南发展战略、富民强边促和谐提供强有力的科技支撑。

全书由王波、王夏晖和何军负责全书内容的整体设计,郑利杰负责对全书进行统稿。全书共 7 章,各章内容的具体分工如下:第 1 章 兵团南疆区域概况与形势分析,主要由张旭云、石庭山、王霜玉、刘洋完成;第 2 章 生态承载力与保护修复研究进展,主要由戴超、郑利杰、车璐璐、王邵俊完成;第 3 章 兵团南疆生态承载力及其空间变异性研究,主要由戴超、宗慧娟完成;第 4 章 兵团南疆生态保护修复技术评估,主要由郑利杰、卢响军、赵伟、徐盖完成;第 5 章 兵团南疆绿色发展模式研究,主要由车璐璐、郑利杰完成;第 6 章 兵团南疆生态保护修复总体战略研究,主要由车璐璐、王波、张笑千完成;第 7 章 兵团南疆生态保护修复重大对策建议,主要由王波、车璐璐、江宜霖、曹君完成。

本书的出版得到了兵团科技攻关项目"兵团南疆生态承载力与保护修复关键技术集成研究"(2018AB026)的支持,也得到了兵团环境监测中心站和兵团第一师、第二师、第三师及第四师的大力支持,在此一并表示感谢!

生态承载力与保护修复研究仍处于不断探索和完善的过程中,本书难免存在不足之处,请各位读者不吝指正。

作 者

2022 年 8 月

目　　录

第1章　兵团南疆区域概况与形势分析

本章在分析兵团南疆区域自然资源、经济社会、生态环境等基础上，总结回顾了重大生态保护工程、城乡环境设施建设、绿色产业和生态扶贫、生态保护体制机制四个方面工作基础和成效，研判了兵团南疆主要生态问题，并从自然条件和人为因素两个角度开展了驱动力分析，明确了生态保护修复技术需求，结合当前国家发展新需求和兵团向南发展战略，分析了兵团南疆生态保护修复面临的机遇和挑战。

1.1　区域概况

1.1.1　自然资源

1.1.1.1　地理区位

兵团驻地位于中国西部边陲，呈点状或片状散布于新疆维吾尔自治区各地。兵团南疆位于兵团西南部，地处天山以南、昆仑山以北，分布在喀什地区、阿克苏地区、和田地区、克孜勒苏柯尔克孜自治州、巴音郭楞蒙古自治州、阿拉尔市、铁门关市、图木舒克市、昆玉市 9 个地(州、市)境内，包括第一师、第二师、第三师、第十四师 4 个师，共有 51 个团场(图 1.1)。兵团南疆国土面积为 23221.03 km²，占兵团总面积的 33.10%(表 1.1)。

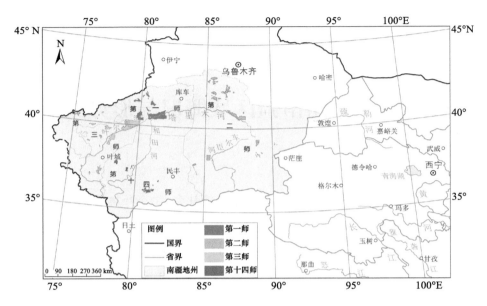

图 1.1 兵团南疆分布图

表 1.1 兵团南疆各师行政区划

各师	师部	所在区域	团镇、乡
第一师	阿拉尔市	地跨阿克苏地区 5 县 1 市	共 16 个团、乡,分别为 1 团、2 团、3 团、4 团、5 团、6 团、7 团、8 团、9 团、10 团、11 团、12 团、13 团、14 团、16 团、托喀依乡
第二师	铁门关市	分布于巴音郭楞蒙古自治州 8 县 1 市境内	共 14 个团,分别为 21 团、22 团、24 团、25 团、27 团、29 团、30 团、31 团、33 团、34 团、36 团、37 团、38 团、223 团
第三师	图木舒克市	位于喀什地区、克孜勒苏柯尔克孜自治州的 14 个县市境内,下辖 1 个县级市	共 16 个团场,分别为 41 团、42 团、44 团、45 团、46 团、48 团、49 团、50 团、51 团、53 团、54 团、伽师总场、红旗农场、托云牧场、叶城二牧场、东风农场
第十四师	昆玉市	分布于和田地区 4 县 1 市境内	共 5 个农牧团场,分别为 47 团、224 团、225 团、皮山农场、一牧场

（1）第一师

第一师驻地位于天山南麓中段、塔里木盆地北部,地处阿克苏河、叶尔羌河、和田河三河交汇之处的塔里木河上游,是南疆之心、塔河之源、沙漠之门。北起天山南麓,南入塔克拉玛干沙漠北部,东邻沙雅县,西抵柯坪县,地跨阿克苏地区 5 县 1 市,师部驻地阿拉尔市,下辖 16 个团、乡。

（2）第二师

第二师驻地分布于巴音郭楞蒙古自治州（简称巴州）8 县 1 市境内,北依天山,南依阿尔金山,天山支脉库鲁克山横贯垦区中部,形成"三山夹两盆"的格局。第二师师部驻地铁门关市,星罗棋布的农牧团场散布开都河、孔雀河、塔里木河、车尔臣河、米兰河和莫勒切河 6 河流域,下辖 14 个团。

（3）第三师

第三师驻地分布于塔里木盆地西部的叶尔羌河流域和喀什噶尔河流域,镶嵌于喀什地区与克孜勒苏柯尔克孜自治州 14 个县市境内。东西相距约 408 km,南北约 444 km,师部驻地喀什市,下辖 16 个团场。

（4）第十四师

第十四师驻地位于塔里木盆地西南部,分布于和田地区 5 个县市境内。师部驻地和田市,现辖 47 团（驻墨玉县）、皮山农场（驻皮山县）、一牧场（驻策勒县）、224 团（驻皮山县和墨玉县之间）、225 团（驻于田县）,下辖 5 个农牧团场。

1.1.1.2　地形地貌

兵团南疆团场分布在塔里木盆地边缘的绿洲地带,各师驻地形地貌如下。

（1）第一师

第一师驻地属塔里木河冲积细土平原,沿河岸及冲沟两侧略有抬升,地势由西北向东南倾斜。自北向南由天山山地、冲洪积平原和沙漠等地貌类型构成。其中,山地占师市域总面积的 5.6%,平原占 86.2%,沙漠占 8.2%。

(2)第二师

第二师所在的巴州横跨天山地槽褶皱系、塔里木地台、东昆仑地槽褶皱系及松潘—甘孜地槽褶皱系。北部博斯腾灌区处于焉耆盆地,地貌类型主要属南天山山前洪积—冲积扇,开都河三角洲和博斯腾湖湖滨平原。地形由北、西北向南、东南倾斜。中部十八团渠灌区,北靠天山支脉的库鲁克塔格山,南临孔雀河及塔里木河古道。大部分属于洪积—冲积平原地带,地势由北向南倾斜,坡度较缓。南部塔里木灌区,位于卡拉库姆沙漠和东塔克拉玛干沙漠之间,塔里木河下游冲积平原,地形由西北向东南倾斜,地势平缓,多沙丘和古河道分布。若羌县的米兰灌区属米兰河冲积平原,南邻阿尔金山,北靠罗布泊凹地,南高北低,地面坡降大,由南向北土质从粗变细、植被由稀到密,戈壁沙漠环绕于灌区四周。

(3)第三师

第三师区域外围南北西三面高山环绕,南、西为喀喇昆仑山、昆仑山西段和西部帕米尔高原,北为西南天山,山体高大,为构造山地;中部由山前冲洪积平原和冲积平原组成;中东部分布有塔克拉玛干沙漠、托格拉克沙漠和布谷拉沙漠等。区域总体地势南北西部高、中东部低。

(4)第十四师

第十四师市域范围内地貌单元主要有山前倾斜含砾平原区、冲洪积细土平原区、风积沙漠区及人工地貌单元。其中,昆玉市境内的皮山农场、47团和224团处于河道中下游,南面为昆仑山脉,北面为塔克拉玛干沙漠,形成耕地被沙漠、沙丘分割成多块绿洲的格局;一牧场地处昆仑山区,属高山、中山及低山带地貌分布,地形复杂,地表覆盖碎石细砂,植被呈垂直分布,交通困难,人迹稀少。第十四师山地占 33.3%,沙漠戈壁占 63%,绿洲面积仅占 3.7%,且被沙漠和戈壁分割成大小不等的 300 余块,空间分布较为破碎。

1.1.1.3 气候特征

兵团南疆属于暖温带干旱区气候,干燥少雨、冬寒夏热、日温差大、日照丰富。年平均气温为 13.1 ℃,绝对最高气温为 42.2 ℃,绝对最低气温为 −24 ℃。无霜期年平均为 200 d 左右,全年日照时数平均为 3000 h,年平均降水量为 29.3 mm,年平均蒸发量为 2200~2700 mm。

(1)第一师

第一师所在阿拉尔市属暖温带极端大陆性干旱荒漠气候,极端最高气温为 35 ℃,极端最低气温为 −28 ℃。垦区年平均太阳辐射量为 133.7~146.3 kcal[①]/cm²。年平均日照时数为 2556.3~2991.8 h,日照百分率为 58.69%。垦区雨量稀少,冬季少雪,地表蒸发强烈,年平均降水量为 40.1~82.5 mm,年平均蒸发量为 1876.6~2558.9 mm。

(2)第二师

第二师驻地属中温带大陆性极端干旱气候,光热资源丰富,日照时间长,降水稀少,蒸发量大,大风较多,冬夏长,春秋短,昼夜温差大。由于二师地域辽阔,各灌区气候条件有一定差距。

博斯腾灌区地处欧亚大陆中心,干旱少雨,蒸发强烈,属暖温带大陆性荒漠气候,但四周环山,有近千平方公里的博斯腾湖水面的蒸腾调节,气候较温和湿润,灌区年平均气温为 8.1~8.8 ℃,≥10 ℃ 的年积温为 3396~3773 ℃·d,无霜期为 170~186 d,年平均日照时数为 2622~3044 h,年平均降水量为 56.7~78.7 mm,年平均蒸发量为 1390~2239 mm,年平均相对湿度为 52%~56%。

塔里木灌区位于塔里木河下游冲积平原,属于典型的大陆性气候,干旱少雨,蒸发强烈,气候干燥,多风沙浮尘,日照长,温差大,热量丰富,年平均气温为 10.8 ℃,极端最高气温为 42.4 ℃,极端最低气温为 −27.8 ℃,≥10 ℃ 年积温为 4161.3~4242.7 ℃·d,年平均降水量为 21.5 mm,年平均蒸发量

---

① 1 kcal＝4.18 kJ。

为 2680 mm,年平均日照时数为 3033 h,无霜期为 187 d。

十八团渠灌区处于欧亚大陆中心,光热资源丰富,温差大,降水少,蒸发强烈,属暖温带大陆性干旱气候,全年平均气温为 10～11.4 ℃,极端最高气温为 40～41 ℃,极端最低气温为 −32.7～−28.1 ℃,≥10 ℃ 的年积温为 4192.1～4274.0 ℃·d,年日照时数为 2886 h,年平均降水量为 56.5 mm,年平均蒸发量为 2788～2273 mm,年平均相对湿度为 49%,无霜期为 190 d。

米兰灌区是全疆最少雨地区,年平均降水量为 18.6～23.3 mm,年平均蒸发量为 2474～2507 mm。灌区光热资源丰富,年平均气温为 10.1～11.3 ℃,≥10 ℃年积温为 4167～4218 ℃·d,无霜期为 187～207 d,多年平均日照时数为 2886～3132 h。

且末灌区、苏塘灌区属暖温带干旱大陆性气候区,降水稀少,气候干燥。年平均气温为 10.1 ℃,极端最高气温为 41.3 ℃,极端最低气温为 −26.4 ℃,气温平均日较差为 15.9 ℃,≥10 ℃ 的年积温为 3853 ℃·d,多年平均无霜期为 165 d,年平均降水量为 18.6 mm,年平均蒸发量为 2507 mm。

(3)第三师

第三师地处欧亚大陆腹地,远离海洋,三面环山,受帕米尔高原及各山体的层层阻隔,西风环流及印度洋的水汽难以侵入,属暖温带大陆性干旱气候,干燥少雨,地形复杂,气候差异大,平原和山区水文气候不尽相同。主要气候特征:光照充足、热量丰富、降水稀少、蒸发强烈、空气干燥、气温日较差较大。平原区各团场无霜期均较长,平均为 211～243 d。年平均气温为 12.6 ℃,≥10 ℃年积温为 4208.1 ℃·d,年日照总时数为 2728.6 h,日照百分率为 62%;多年平均降水量为 52.4 mm,北部沙漠地带降水量仅为 12 mm,多年平均蒸发量为 2423.1 mm;大部分区域多年平均无霜期为 213 d;年平均风速为 1.8 m/s,风速以春季最大,平均为 2.2 m/s,秋冬季最小,平均为 1.4 m/s,春季盛行东北风。

(4)第十四师

第十四师驻地因所处纬度较低,寒潮受阻于天山,因而年平均气温较高,属暖温带极端干旱荒漠性气候。皮山农场、47 团、224 团、225 团属于暖温带干旱荒漠性气候，一牧场位于山区，其气候与绿洲平原区气候有所差异。皮山农场、47 团、224 团、225 团年平均气温为 11.4～11.7 ℃，夏季极端最高气温为 43.2 ℃(7 月)，冬季极端最低气温为 −28.9 ℃(1 月)。一牧场全年平均气温为 10.3 ℃，夏季极端最高气温为 29 ℃(7 月)，冬季极端最低气温为 −36 ℃(1 月)。皮山农场、47 团、224 团、新建团场开发区年平均降水量为 35～48.2 mm，年平均蒸发量却高达 2480 mm，每年浮尘天气达 220 d 以上，其中浓浮尘(沙尘暴)天气为 60 d 左右。一牧场降水量比平原丰富，年平均降水量为 250 mm。皮山农场、47 团、224 团、新建团场开发区无霜期为 205～220 d，最大冻土深度为 0.8 m；一牧场无霜期为 180 d，最大冻土深度为 1.3 m。

1.1.1.4　水文特征

兵团南疆主要有塔里木河、叶尔羌河、阿克苏河、和田河、喀什噶尔河、开都河等，年径流量在 10 亿 m³ 以上。其中，塔里木河是我国最长的内陆河流，干流全长 1321 km。新疆现有大于 1 km² 的天然湖泊 139 个，水域面积为 5504 km²。主要湖泊有博斯腾湖、乌伦古湖、艾比湖、赛里木湖等。其中，博斯腾湖涉及兵团南疆第二师的 24、25、26、27 团，面积为 988 km²，是我国最大的内陆淡水湖。它既是开都河的河尾，又是孔雀河的河源。师域内河流、湖泊上的骨干工程及枢纽均为地方或流域机构掌握，南疆各师对水资源没有主导支配权，各大灌区用水主要靠地方水利行政部门或流域机构限额分配引用。

(1)第一师

第一师灌区主要包括塔里木灌区(引阿克苏河新大河水，大型灌区)、沙井子灌区(引阿克苏河水，大型灌区)及 4 团灌区(引昆马力克河水，中型灌区)、5 团灌区(引喀拉玉尔衮河水，中型灌区)、6 团灌区(引阿克苏河多浪渠水，中型灌区)五大分灌区。灌区内河流主要包括阿克苏河、塔里木河及胜利、上游、多浪三大平原水库。建有水库 6 座，分别为上游水库、多浪水库、胜利水库、新井子水库、西电厂调节水库、5 团水库，库容量为 5.27 亿 m³。

（2）第二师

第二师灌区内主要河流有开都河、黄水沟、孔雀河、塔里木河、米兰河、车尔臣河、莫勒切河及喀拉米兰河。5 条河流多年平均总径流量为 79.7 亿 m^3（其中塔里木河指进入巴州轮台境内的径流量；孔雀河和开都河两河水量计算有重复）。其中，博斯腾大型灌区 6 个团场引用开都河、黄水沟水，十八团渠大型灌区 2 个团场引用孔雀河水，塔里木大型灌区 3 个团场引用塔里木河、孔雀河水（两河供水），米兰中型灌区 1 个团场引用米兰河水，37 团小型灌区引用车尔臣河水，38 团中型灌区现状引用莫勒切河水，后期需引用莫勒切河水和喀拉米兰河水。

（3）第三师

第三师所在区域水系受地形地貌、地域降水影响，各水系的源头都位于冰川、山区积雪带，随着山区水分的融冻，各河流的年内枯洪变化明显。第三师前海灌区（含图木舒克市、45 团、46 团、48 团）地表水源主要为叶尔羌河和提孜那甫河，41 团所在区域地表水源主要为盖孜河，42 团所在区域地表水源为盖孜河和叶尔羌河，伽师总场地表水源为克孜河，红旗农场地表水源为布谷孜河托格拉克水库，东风农场地表水源为依格孜牙河，54 团所在区域地表水源为叶尔羌河，托云牧场地表水源为恰克马克河，叶城二牧场属阿克齐河。叶尔羌河是流经第三师驻地最大的河流，它发源于喀喇昆仑山的乔戈里峰，属融雪补给型，河流全长 1000 多千米，流域面积约为 1.081×10^5 km^2，灌溉着 44 团、45 团、48 团、49 团、51 团、53 团等各团场农田。

（4）第十四师

第十四师辖区无主干河流、无大中型水库。师市各团场地表水主要来自地方河流，其中，224 团和 47 团所在区域地表水来自喀拉喀什河；皮山农场地表水来自皮山河和桑株河；一牧场地表水来自努尔河；225 团地表水来自克里雅河。5 条河流均是季节性内陆河，洪水期及枯水期河流的径流量变化大。师市 224 团和一牧场没有地下水可利用，仅皮山农场和 47 团有地下水。兵团设计院 2011 年编制的 2 个团场的《水文地质勘察报告》显示,皮山农场地下水年可开采量为 1151 万 m^3,47 团地下水年可开采量为 2071 万 m^3。

1.1.1.5　湿地资源

从分区来看,相较于兵团北疆和东疆,兵团南疆湿地面积最大,为 15.38 万 hm^2,占兵团湿地总面积的 57.92%。从各师湿地面积来看,兵团南疆第一师湿地面积最大,其次为第二师和第三师,3 个师的湿地面积占兵团湿地总面积的 56.72%。从湿地类型来看,兵团南疆湿地类型主要包括河流、湖泊、沼泽和人工湿地 4 种类型,其中,湖泊湿地面积最大,人工湿地面积最小(表 1.2)。

表 1.2　兵团各类湿地面积统计表　　　　单位:hm^2

分区	各师	河流湿地	湖泊湿地	沼泽湿地	人工湿地	合计
南疆	第一师	22260.09	20373.53	16179.99	3025.63	61839.24
	第二师	8221.41	12269.13	13323.43	1279.35	35093.32
	第三师	14170.69	24211.15	14140.29	1158.71	53680.84
	第十四师	1990.26	109.08	577.17	495.49	3172.00
	小计	46642.45	56962.89	44220.88	5959.18	153785.40
北疆	第四师	15804.40	—	4885.80	1370.84	22061.04
	第五师	1557.38	28.80	2537.35	335.66	4459.19
	第六师	5825.94	6884.44	4466.59	1249.60	18426.57
	第七师	5456.73	5151.44	2428.79	1558.75	14595.71
	第八师	4553.71	9771.32	1023.96	2001.18	17350.17
	第九师	5974.95	52.35	775.47	765.00	7567.77
	第十师	1246.00	5352.59	9525.86	2430.64	18555.09
	第十二师	1512.80	253.05	534.93	264.38	2565.16
	兵直二二二团	—	323.19	—	—	323.19
	小计	41931.91	27817.18	26178.75	9976.05	105903.89
东疆	第十三师	2311.56	228.14	3102.84	188.50	5831.04
	小计	2311.56	228.14	3102.84	188.50	5831.04
合计		90885.92	85008.21	73502.47	16123.73	265520.33

1.1.2　经济社会

1.1.2.1　人口分布

根据兵团统计年鉴,2019 年兵团南疆年末总人口 98.37 万,占兵团总人口的 30.28%。从各师来看,第一师的人口最多为 40.90 万,占兵团南疆总人口的 41.58%,第十四师的人口最少,仅占兵团南疆总人口的 7.42%(表 1.3)。

表 1.3　2019 年兵团南疆各师年末总人口

各师	年末总人口(万人)
第一师	40.90
第二师	23.16
第三师	27.01
第十四师	7.30
小计	98.37

1.1.2.2　经济现状

2019 年兵团南疆生产总值为 704.90 亿元,其中,第一、二、三、十四师生产总值分别为 309.49 亿、182.16 亿、184.02 亿、29.23 亿元,人均生产总值分别为 79250、80347、69999、42586 元,均低于兵团人均生产总值的 86467 元。整体呈现综合经济实力不强、发展不平衡等问题。

1.1.3　生态环境

1.1.3.1　水环境质量

2019 年,兵团辖区河流湖库水质总体状况为优良,监测的 6 条河流 11 个断面水质均好于Ⅲ类。11 座湖库 30 个断面中,符合Ⅰ～Ⅲ类断面的有 13 个,占 43.3%;Ⅵ类断面 6 个,占 20.0%;Ⅴ类断面 2 个,占 6.7%;劣Ⅴ类断面 9 个,占 30.0%。11 座湖库水质好于Ⅲ类标准的共 6 座,占 54.5%;达到Ⅵ类标准的 2 座,占 18.2%;劣 V 类标准的 3 座,占 27.3%。8 个城市的 13 个城镇集中式饮用水水源地水质总体状况稳定,水质保持在 Ⅲ 类以上。兵团共有 89 个水源地,饮用水水质达标率为 78.7%。兵团南疆饮用水水源地水质达标率为 57.6%,低于新疆兵团、北疆和东疆水质达标率;其中,第二师水质达标率最低,8 个饮用水水源地中,仅有 1 个水源地水质达标(表 1.4)。

表 1.4　饮用水水源地水质达标情况

区域	各师	水源地数(个)	饮用水水质达标率(%)
南疆	第一师	5	100
	第二师	8	12.5
	第三师	19	63.2
	第十四师	1	100
	小计	33	57.6
北疆	第四师	6	100
	第五师	12	100
	第六师	1	100
	第七师	2	100
	第八师	4	75.0
	第九师	11	63.6
	第十师	5	100
	第十二师	3	100
	小计	44	88.6
东疆	第十三师	12	100
	小计	12	100
合计		89	78.7

1.1.3.2　大气环境质量

根据《新疆维吾尔自治区 2019 年环境状况公报》数据,全区环境空气质量总体保持稳定。全区 14 个地(州、市)人民政府所在城市平均优良天数比例为 71.4%,比上年增加 2.4 个百分点。轻度污染天数比例为 14.9%,减少 1.2 个百分点;中度污染天数比例为 6.7%,减少 0.3 个百分点;重度污染天数比例为 3.2%,增加 0.2 个百分点;严重污染天数比例为 3.8%,减少 1.1 个百分点。首要污染物为可吸入颗粒物(PM_{10})和细颗粒物($PM_{2.5}$)。

2018 年,兵团南疆 4 个师的空气质量综合指数如表 1.5 所示(鉴于缺乏 4 个师环境空气质量数据,借鉴 4 个师所在地区的代表城市阿克苏市、库尔勒市、喀什市、和田市的数据)。

表 1.5　2018 年南疆 4 个师环境空气质量综合指数

月份	第一师	第二师	第三师	第十四师
1 月	8.42	4.65	9.01	5.90
2 月	6.55	5.38	9.15	8.67
3 月	14.08	9.48	17.67	20.8
4 月	13.97	6.94	19.37	26.05
5 月	8.65	7.80	7.63	16.43
6 月	5.63	4.25	5.96	10.29
7 月	4.37	3.28	6.16	11.26
8 月	3.91	2.96	5.02	9.13
9 月	5.61	4.64	7.06	8.07
10 月	5.63	4.20	8.24	6.62
11 月	7.59	4.74	8.59	6.75
12 月	10.08	6.65	12.23	9.47
全年平均	7.87	5.41	9.67	11.62

注:环境空气质量综合指数越低,空气质量越好。

1.1.3.3　土壤环境质量现状

2019 年,兵团基本农田和牧草地土壤环境质量总体较好,12 个静态连队的农村环境质量基本稳定,规模在 10 万亩[①]及以上的 38 个农田灌区水质总体情况较好。国家重点生态功能区考核县域图木舒克市生态环境质量基本稳定并逐年变好,其他 31 个兵团重点生态功能区考核县域 2019 年已逐步开展生态环境质量监测工作。根据兵团近几年对污染企业周边、基本农田、蔬菜种植区、饮用水源地、畜禽养殖场周边开展的土壤环境质量监测,未发现兵团南疆有明显重金属污染地块。

1.1.3.4　生态现状

为系统掌握生态环境状况和生态环境问题,兵团原环境保护局开展了兵团生态十年变化遥感调查与评估,形成了《兵团生态十年变化遥感调查与评估报告(2000—2010 年)》。评估报告显示,兵团生态系统主要以草地、农田、灌丛和荒漠为主,占兵团国土面积的 90% 以上,森林、湿地、城镇和冰川/永久积雪所占面积不足 10%。其中,草地是兵团主要的生态类型,面积为 31645.4 km²,占 40%;草地分布较为广阔,在第六、三师和十二师最多。农田次之,面积为 22099.6 km²,占 28%;各师均有分布,在第八、六师、一师和七师所占面积最多。与新疆地方相比,兵团荒漠分布较少,仅占 12%。湿地分布较少,分布地区主要位于塔里木河、孔雀河附近和额尔齐斯河周围的第一师、二师和十师团场区域。城镇分布较少,分布地区极不平衡,主要分布于天山北坡的六师、七师和八师。冰川/永久积雪分布较少,多分布于天山北坡的第四师、八师和十二师。由生态系统所占面积比例变化结果知,2000—2010 年草地、灌丛、湿地和冰川/永久积雪面积减少,分别减少 10.0%、14.8%、4.5% 和 18.9%,森林、农田、城镇和荒漠面积分别增加 0.2%、29.9%、26.8% 和 0.2%,尤以农田和城镇面积增加显著。

---

① 1 亩≈666.67 m²,下同。

1.2 形势分析

1.2.1 主要工作基础

1.2.1.1 重大生态保护工程成效显著

针对兵团南疆局部地区水土流失、土地沙化和盐碱化、森林草地退化等突出生态问题,兵团南疆开展了一系列生态保护修复工程建设和生态创建等工作,生态保护修复取得积极成效。一是推进环塔里木盆地防沙治沙工作,与自治区共同构建帕米尔—昆仑山—阿尔金山荒漠草原生态安全屏障,完成人工治沙造林、封沙育林、沙化草原治理等任务,绿色资源总量持续增长,生态环境明显改善。截至 2019 年底,第一师林地面积达到 90.83 万 hm²,牧草地面积为 171.89 万 hm²,农田林网化率为 100%;第十四师在"十三五"期间,完成人工造林 6.62 万亩,退耕还林近 2.9 万亩,森林覆盖率由 2015 年的 10.5%提高到 2019 年 12.5%。二是加强自然保护地体系建设,加强湿地自然保护区、风景名胜区和沙化土地封禁保护区的保护与管理,第十四师在"十三五"期间新建胡木旦国家湿地公园、天牧国家草原自然公园,湿地生态环境得到极大改善,遏制了土地退化、沙化趋势,促进了沙区内植被的自然恢复和生态系统的自我修复。三是积极推进土地综合整治,大力实施高标准农田建设、中低产田改造及沙化、盐碱化治理等重大工程,有效控制了水土流失;通过实施保护性耕作,推广应用测土平衡施肥,农田土壤结构和肥力得到有效改善;积极探索创新、试验示范各项生态保护与建设相关技术,组装配套了以高效节水灌溉综合技术集成为代表的绿洲生态治理模式。四是生态创建取得积极成效,第一师 2 个团场城镇获得国家级生态乡镇称号,9 个团场城镇获得兵团级生态乡镇称号;第二师现有 22 团河畔镇、24 团高桥镇、29 团吾瓦镇、33 团库尔木依镇 4 个国家级生态乡镇;第三师有托云牧场、42 团、53 团、50

团、48 团已获得国家级或兵团级的生态文明团场称号,生态文明团场建设取得一定成效。

1.2.1.2　城乡环境基础设施建设得到加强

针对部分地区污水垃圾等基础设施建设滞后等问题,兵团南疆开展了连队环境整治等工作,环境污染问题得到有效解决。一是城镇污水处理方面,第一师建设污水处理厂 12 座,除阿拉尔市采用二级生化处理工艺、7 团采用氧化塘工艺外,其余均为强化氧化塘处理工艺;第二师实施了博斯腾湖流域团(镇)生活中水、工业废水、农田排水"三水分治"及综合利用工程,实现城镇生活污水处理全覆盖,有效改善了区域水环境污染现状;第三师新建污水处理厂 16 座,日处理能力为 70~2400 t/d,总规模为 15710 t/d;第十四师各团场均建设了污水处理设施,使团部(场部)集中居民区污水随意排放得到控制。二是城镇垃圾处理方面,第一师 1 团、3 团等多个团场建设了生活垃圾填埋场,第二师 33 团、34 团城镇建成了生活垃圾无害化处理设施,第三师伽师总场的垃圾填埋场建成投入使用,第十四师 224 团生活垃圾依托昆玉市生活垃圾填埋场进行卫生填埋,皮山农场垃圾填埋场已投入使用。三是连队人居环境整治方面,按照兵团农村环境整治需求和中央专项资金支持方向,近年来,兵团南疆重点实施了连队生活垃圾收集转运设施建设工程。截至 2018年,第一师已累计实施 90 个连队的环境综合整治,覆盖率达到 37.7%;第二师积极争取政府债券资金 1 亿元,实施了 20 个连队人居环境整理试点工程,垃圾做到定点存放,及时清运,生活污水得到有效处理,提高了连队的生态文明水平;第十四师在"十三五"期间,完成 32 个连队环境综合整治,开展 32 个连队生活污水治理工作,其中纳入城镇管网的连队 8 个,建设污水集中处理设施的连队 7 个,其他方式使污水得到有效管控的连队 17 个,连队生活垃圾收集、转运、处置体系已初步建立。

1.2.1.3　绿色产业与生态扶贫统筹推进

兵团南疆积极培育和发展绿色经济,在保护生态的前提下谋求群众多元增收,达到生态治理与职工减贫致富同举,夯实了生态保护与建设的社会基础。兵团南疆绿色发展有效助推了生态脱贫,2019 年兵团贫困人口人均纯收入达到 9950 元,比 2018 年增长 75％,兵团贫困人口全部脱贫,全面实现"两不愁三保障",提前一年解决绝对性贫困问题。一是以做强绿色生态高效特色林果业为抓手,紧扣实施乡村振兴战略,加强特色林果业基地供给、科技支撑、加工转化、市场开拓四大能力建设,推进特色林果业提质增效、转型升级。二是积极引导产业化龙头企业,通过入股分红、订单帮扶、合作经营、劳动就业等多种形式,推动建立新型经营主体与贫困人口的紧密利益联结机制,加快标准化生产基地建设,支持创建特色农产品优势区,以培育壮大生态产业,促进一、二、三产业融合发展,拓宽贫困人口增收渠道,将资源优势有效转化为产业优势、经济优势。三是依托国家实施的退耕还林还草、天然林保护、防护林建设、水生态治理等工程,兵团在生态补偿和生态保护工程资金上向贫困村、贫困人口倾斜,提高贫困人口参与度和受益范围,让贫困群众受益于生态保护的过程,享受到生态保护的成果,并从中脱贫致富。同时,积极落实国家新一轮草原生态保护补助奖励和生态公益林扶持政策,从贫困人口中选聘草原管护员、转化生态护林员,使当地有劳动能力的贫困人口转为生态保护人员,带动精准扶贫。

1.2.1.4 生态保护体制机制不断健全

兵团印发了《生物多样性保护规划》《兵团生态脆弱区保护规划》《兵团生态功能区划》(修编)和《兵团生态十年调查报告》等一系列生态保护规划,为生态保护工作奠定了基础。逐步完善并加强了生态保护与建设的执法体系、监管体系和标准体系等建设。初步建立了生态补偿机制,并结合兵团实际不断创新模式,调动了全社会参与生态保护与建设的积极性。例如,第一师紧紧围绕主要污染物达标排放要求,以工业污染防治、污染物达标排放、环保专项行动为重点,认真开展环境监测、现场监督检查工作;第二师进一步健全完善环保机构队伍,新增铁门关市环保部门,师属各单位环保队伍得到进一步增强；第三师、十四师紧紧围绕主要污染物达标排放要求，以工业污染防治、污染物达标排放、环保专项行动为重点，认真开展环境监测、现场监督检查工作。另外，第十四师加强前期环境影响评价，对皮墨北京工业园区规划方案进行优化调整，从源头上预防了污染，并将不符合产业政策的拒之门外。

1.2.2 主要生态问题与驱动力分析

1.2.2.1 主要生态问题

(1)水土流失问题依然突出。兵团南疆各师市大部分地区属于生态敏感区、脆弱区，自然环境恶劣，水土流失问题依然突出，已成为制约兵团南疆可持续发展的严峻问题。近年来，兵团颁布水土开发四条禁令后，水土流失趋势得到缓解，但《兵团水土保持规划(2015—2030年)》显示，兵团南疆水土流失形势依然严峻，水土流失面积为 9329.15 km²，占兵团南疆总国土面积的 39.15%，且 65.25%水土流失为中度及以上侵蚀强度。从各师来看，兵团南疆第一师、二师、三师、十四师水土流失面积分别为 2587.76 km²、2930.58 km²、3225.75 km²、585.06 km²，占各自土地总面积的比例分别为 37.3%、41.9%、39.1%、34.8%。从水土流失类型来看，兵团南疆水土流失以风力侵蚀为主，风力侵蚀面积为 8653.69 km²，占水土流失面积的 92.76%。

(2)土地沙化和盐碱化面积仍然较大。兵团南疆位于新疆干旱半干旱的沙漠边缘绿洲区域，气候类型主要为少雨干燥，该区域土地沙化、盐碱化比较严重，这已成为中低产田的关键制约因素。土地沙化方面，根据《兵团生态十年变化遥感调查与评估报告(2000—2010年)》，兵团土地沙化面积占兵团国土面积的 90%以上，其中极重度区域主要分布在兵团南疆的第二师、三师。土壤盐碱化方面，南疆地区重盐碱化土地 98.85 万亩，其中第一师、二师、三师、十四师重盐碱化土地面积分别为 42.52 万亩、27.59 万亩、28.17 万亩、0.57 万亩。

(3)水资源供需矛盾更加突出。兵团南疆干旱少雨，水资源总量较低，多数团场地处河流中、下游,受水资源时空分布不均、水资源与人口及经济布局不匹配的制约,河流下游季节性断流常年发生,水资源极为短缺。加之地下水补给困难且存量有限,长期过度开采造成地下水位下降,更加剧了水资源的供需矛盾,致使生态用水总量不足,形成兵团南疆先天缺水和后天用水的天然矛盾。此外,兵团南疆已有水利基础设施老化、规划建设粗放,使得水资源利用效率低,农业过度开发大量挤占生态用水,部分天然植被由于缺水而萎缩,对绿洲和河流下游的生态系统造成严重威胁。

(4)生态系统呈日益退化趋势。兵团呈现出草原退化、牧草质量下降、草原综合植被覆盖度降低、草地生产力下降和生物量减少等严峻形势,天然草地承载负荷加剧,草地退化面积占草地总面积的 99%。其中,南疆的第一师、三师和十四师为主要退化地区,草原生态危机凸显。森林资源总量不足,退化严重。兵团森林面积为 134.54 万 hm^2,森林覆盖率为 19.13%,呈现森林面积少、总量不足、覆盖率低的特征。根据《兵团生态十年变化遥感调查与评估报告》,2000 年、2005 年和 2010 年森林极重度退化面积占森林总面积的 80%以上,重度退化区域占森林总面积的 13%左右,中度、轻度和未退化区域占森林区域不足 5%。在特殊的地理分布下,兵团各团场的森林又多呈斑块状分布,灌木林与乔木林比例为 80:20,乔木林又多为纯林,天然乔木林中近成过熟林比例较高为 75.92%,林龄严重老化,森林综合效能较低。湿地功能退化。受上游来水量减少、地下水长年过度开采等影响,兵团南疆湿地也逐渐缩减,生态功能显著降低。

1.2.2.2 驱动力分析

(1)生态环境极为脆弱。兵团南疆大多数团场地理位置和自然环境条件特殊,处于绿洲最外围、沙漠最前沿、水源最末端,大部分区域自然环境具有很强的敏感性和脆弱性,是我国典型的绿洲生态脆弱区域。该区域干旱多风、降水量减少、气温升高、蒸发量大等气候特征,是导致草地湿地退化、土地荒漠化等生态问题的主要原因。以第一师为例,风蚀遍布全师各团场,风力侵蚀面积占全师水土流失面积的89％,且中度及以上侵蚀占83％,70％以上的团场处在塔克拉玛干沙漠边缘和塔里木河、阿克苏河和喀什噶尔河古河道,境内流动或半流动沙丘广布,大风和沙尘暴频繁,风力侵蚀十分严重。同时,地处山麓地带及河流沿岸的第一师4团、5团、1团和2团仍然受到暴雨山洪及河岸冲刷切割的侵扰,坡面侵蚀、山洪侵蚀及河岸冲刷等广泛存在。草原生物灾害等自然因素使草地退化进一步加剧。敏感脆弱的自然环境导致干旱、霜冻、大风、沙尘自然灾害频发,严重制约区域农牧业生产发展。

(2)人为活动强度较大。根据《兵团生态十年变化遥感调查与评估报告》,兵团生态胁迫呈逐年递增趋势,第一师尤为突出,人类活动强度成为生态胁迫强度的主要贡献值。一是大量增加的人口给脆弱的生态环境带来了巨大压力,从而引发了多种超限度、超常规的经济活动。二是人为不合理的土地利用活动加剧了土地沙化、生态系统退化等问题。受经济技术水平的制约,近年来经济发展过度依赖能源资源开发,草地、林地和湿地等生态系统遭到破坏。三是过度放牧导致草地退化。近几十年来,兵团南疆部分牧民因对牲畜存栏数量的过度追求,造成每头牲畜占有的草场面积大幅降低,草原严重超载,牲畜与草场之间的供需关系失去了平衡,过度放牧使草场出现了大面积沙化、草地退化现象。

1.2.3 面临的机遇与挑战

党的十九大把"坚持人与自然和谐共生"作为新时代坚持和发展中国特色社会主义的基本方略之一,为未来中国的生态文明建设和绿色发展指明了方向、规划了路线。习近平总书记亲自谋划"兵团向南发展"的重大决策部署,强调要坚持"绿水青山就是金山银山"理念,坚决守住生态保护红线,统筹开展治沙治水和森林草原保护工作,让大美新疆天更蓝、山更绿、水更清。习近平总书记关于新疆和兵团工作的重要讲话和重要指示批示精神,为深入开展兵团南疆生态环境保护工作指明了前进方向,提供了根本遵循。丝绸之路经济带核心区建设和推动西部大开发形成新格局,为兵团南疆融入向西开放总体布局,打造内陆开放和沿边开放新高地提供了广阔空间。加快构建"以国内大循环为主体、国际国内双循环相互促进的新发展格局"、发展现代产业体系、积极应对气候变化等国家战略的实施,为兵团南疆统筹经济社会高质量发展和生态环境高水平保护提供重要机遇。兵团生态环境保护工作力度不断加大,构建了"大生态、大环保"工作格局。生态文明建设的"四梁八柱"日益完善,为生态环境系统保护和治理提供了有利条件。国内外先进生态保护修复的理念、技术和模式为工程实施提供科技支撑,公众环境意识提高也为形成工作合力奠定基础。兵团南疆生态保护修复面临重大机遇的同时,仍面临严峻挑战。在整个新疆大棋局中,南疆问题集中、困难突出,经济绿色转型任务尚未完成。土地沙化扩展趋势还未得到根本扭转,沙尘天气频发问题仍未根本解决,草原生产与生态功能不协调,湿地生态功能不稳定,风沙危害、水土流失等依然严峻,巩固生态保护和治理成果难度日益加大,生态保护修复面临巨大压力。生态保护修复科技创新体系建设滞后,科技成果转化率仍处在较低水平。总体来说,兵团南疆生态保护修复机遇与挑战并存,要充分利用"一带一路"倡议、对口援疆开发建设的新机遇、新条件,牢固树立"绿水青山就是金山银山"的理念,坚持把节约优先、保护优先、自然恢复作为基本方针,走新型工业化、城镇化、农业现代化、信息化、绿色化发展之路,坚定推进生态环境保护,提高生态环境质量。

第2章　生态承载力与保护修复研究进展

　　本章围绕兵团南疆生态承载力与保护修复关键技术集成研究主题,分别阐述了生态承载力、生态保护修复、山水林田湖草沙一体化保护和修复的概念内涵,在对比分析国内外生态承载力和生态保护修复评价(评估)方法特点的基础上,研究提出适合兵团南疆的生态承载力评价方法和生态保护修复成效评估方法,为开展生态承载力评价和集成生态保护修复技术模式奠定基础。

2.1　生态承载力评价研究进展

2.1.1　生态承载力概念

　　生态承载力的概念内涵和研究方法备受国内外学者关注,已成为地理学、环境学、生态学与经济学等多学科的交叉前沿领域(高鹭 等,2007;许联芳 等,2006)。从 20 世纪初"承载力"的概念引入生态学领域开始(Park et al.,1921),发展至今已上百年,随着水资源短缺、土地退化、环境污染、生态破坏、人口膨胀等问题的出现,生态承载力的概念先后经过了种群承载力(Smaal et al.,1998;封志明 等,2018)、人口承载力(Taylor et al.,1990)、资源承载力(Wang et al.,2013;余灏哲 等,2021)、环境承载力(王念秦 等,2019)和生态承载力(顾康康,2012;赵东升 等,2019)概念演化过程。

2.1.1.1 国外生态承载力概念

1921 年,Park 和 Burgess(1921)提出了生态承载力的定义,将其定义为在特定环境生态因子组合而成的生态环境条件下,某物种个体能够存在的数量的极大值。Guthery 和 Bailey(1984)认为,承载力可以从经济的承载力和生态的承载力两方面进行划分。Smaal 等(1998)将生态承载力定义为在特定时间区间内,特定的生态系统能够支持的最大种群数。而 Hudak(1999)认为,生态承载力是在某个特定时间段中,植物资源能够支持的最大种群数量。这些定义的涵义基本一致,即将生态承载力定义为在特定状况下某一生态系统所能承受的最大种群数量。生态足迹(Ecological Footprint)由 Rees(1990)提出,测度了 52 个国家以及全球的生态足迹和生态承载力状况,使承载力研究从单一要素转向整个生态系统(表 2.1)。

表 2.1　国外文献中对区域生态承载力的定义

文献	英文定义	中文定义
Holeehek et al.,1989	The maximum stocking level possible year after without inducing damage to vegetation or related resources	在确保植被和其他相关资源能够在较长时间内不受到伤害的前提下,所能维持的最大放牧水平
Steward et al.,1990	The upper limit on the number fish a stream can support	一条河流所能容纳的鱼的数量上限
Meehan,1991	Maximum average number biomass of organisms that can be sustained in a habitat over the long term usually to a partic ular species,but can be applied to more than one	生境所能承纳的某种物种的最大平均数量或生物量,通常是一个物种,但也可以用于一个以上的物种
Hawken,1993	The uppermost limit on the number of species an ecosystem or habitat can sustain, given the supply and availability of nutrients	在确保营养物质供应充分的前提下,生态系统或生境所能承纳的物种的最大数量

2.1.1.2　国内生态承载力概念

生态承载力的研究在我国开始于 20 世纪 90 年代初。生态承载力是生态系统承受外部扰动的能力,是后者的客观属性,及其结构、功能优劣的反映(杨贤智,1990)。高吉喜(2001)认为在特定区域内,生态承载力所研究的生态系统应包括资源、环境和社会三个子系统,而其生态系统的承载力的要素也应当从这三个方面进行研究,他将生态承载力定义为生态系统的自我维持、自我协调的能力。张传国等(2002)以绿洲生态系统为研究对象,对生态承载力进行了研究,他认为生态承载力可以通过资源、环境承载力及生态系统本身弹性力大小来反映。杨志峰等(2005)侧重于生态系统健康,他对于生态承载力的定义是:特定条件下,生态承载力是使生态系统维持其服务功能和自身健康的一种潜在能力,指自然生态系统在一定社会经济系统发展强度下,自然生态系统健康被损害的难易程度,即其承受能力(表 2.2)。

表 2.2　国内文献中对区域生态承载力的定义

文献	中文定义
杨贤智,1990	是生态系统承受外部扰动的能力,也是系统结构与功能优劣的反映
高吉喜,2001	生态系统的自我维持、自我调节能力,资源与环境子系统的供容能力及其可维育的社会经济活动强度和具有一定生活水平的人口数量
程国栋,2002	(生态)承载力是指生态系统所提供的资源和环境对人类社会系统良性发展的一种支持能力
杨志峰 等,2005	在一定社会经济条件下,自然生态系统维持其服务功能和自身健康的潜在能力
顾康康,2012	在一定时间、一定空间范围内,生态系统在自我调节以及人类积极作用下健康、有序地发展,生态系统所能支持的资源消耗和环境纳污程度,以及社会经济发展强度和一定消费水平的人口数量

在我国西北地区,由于水资源短缺、自然生态脆弱等因素,许多学者(许

有鹏,1993;丁超,2013)对水资源承载力进行了研究,提出水资源承载力是在特定的历史发展阶段,以可持续发展为原则,区域水资源系统对当地人口和社会经济发展的最大支持能力。同时,也有人将其定义为在一定的技术经济水平和社会生产条件下,水资源可最大供给工农业生产、人民生活和生态环境保护用水的能力。

在全球气候变化和强烈人类活动影响下,自然资源环境、生态系统及全球环境变化科学研究之间的联系更为紧密(于贵瑞 等,2002),生态承载力研究逐渐重点关注环境变化与生态系统的稳定性(Holling,1973)、脆弱性(Immerzeel et al. ,2020)、适应性(Bastiaansen et al. ,2020)、稳态转变(Arani et al. ,2021)等方面的生态学联系。不同领域的专家学者由于学术背景、社会经济条件以及历史文化传统的差异,对生态承载力概念还存在不同的阐释解读,目前对于生态承载力概念定义、评估方法等仍没有达成共识(刘畅 等,2020)。国内外学者针对生态承载力的概念、研究方法及区域单因素承载力做了很多有益的探索,但生态系统的复杂性使得生态承载力的内涵、外延及核算仍具有挑战性。目前的相关研究工作尚处于起步阶段,没有形成完整的理论体系,关于生态承载力还没有科学统一的定义、评价体系和核算模型(赵东升 等,2019)(表2.3)。

表 2.3　区域生态承载力概念的演化与发展

承载力名称		产生背景	承载力的含义
种群承载力		生态学发展	生态系统中可承载的某种种群数量
资源承载力	土地承载力	人口剧增,土地资源紧缺	土地资源的生产能力及可承载的最大人口数量
	水资源承载力	人口、用水增加,环境污染导致水资源短缺	水资源可支持的最大人口数量;可支持的工农业生产活动强度
	矿产承载力	资源短缺	矿产资源所容纳的人口数量
	森林承载力	森林砍伐	森林资源所能承载的人口数量
	旅游承载力	旅游广泛	旅游景点可承载的最大人口数量

承载力名称	产生背景	承载力的含义
环境承载力	环境污染	某特定环境对人口增长和经济发展的承载能力
生态承载力	生态破坏	生态系统可承载的人类经济社会活动的能力

2.1.2　生态承载力研究方法

当前,生态承载力研究方法呈现研究对象多元化、研究领域综合化特点(顾康康,2012)。主要的研究方法有净第一性生产力估计法(王家骥 等,2000;宫一路 等,2021)、生态足迹法(赵先贵 等,2005;杨雪荻 等,2020)、综合评价法(崔昊天 等,2020)、状态空间法(陈乐天 等,2009;金悦 等,2015)等。

2.1.2.1　自然植被净第一性生产力估测方法

自然植被净第一性生产力体现了某一自然体系的恢复能力。国外一些专家学者多年前就开始采用自然植被净第一性生产力方法来估测生态承载力。Lieth 等(1985)在《生物圈的第一生产力》一书中,首次采用植被净第一性生产力模型研究生态承载力。之后,陆续有相应研究及模型被报道。我国关于净第一性生产力的研究始于 20 世纪 90 年代。研究中,王家骥等(2000)基于此方法对黑河流域自然植被净第一性生产力进行估算。陈良富等(2007)基于光能利用率模型,建立了一个基于 MODIS 数据参数反演的日净第一性生产力估算模型,并将千烟洲和长白山观测站点的观测数据和模型估算结果对比,发现两者具有较好的一致性。

2.1.2.2　综合评价法

由于生态承载力涉及资源环境和社会经济等多方面因素,可通过构建指标体系模拟生态系统的层次结构,根据指标间相互关联和重要程度,对参数的绝对值或者相对值逐层加权并求和,最终在目标层得到某一绝对或相对的综合参数来反映生态系统承载状况。综合评价法因为考虑因素较为全面,指标体系构建和计算较为灵活,适用于结构功能较为复杂的区域,在区域生态承载力的相关研究中使用较为广泛(赵东升 等,2019)。

高吉喜(2001)提出,应先确定生态系统的客观承载力大小,以及被承载对象对于生态系统的压力值,从而确定承载情况,了解该生态系统是否处于超载或低载,并采用承载指数、压力指数、承载压力度等指标对特定生态系统承载状况进行描述。目前关于生态承载力综合评价的相关研究中,不同地区的生态承载力评价方法各有侧重,评价内容也有所不同。例如,Zhang 等(2020)聚焦生态工程区域,探索建立了三江源地区生态承载力评价体系;崔昊天等(2020)主要考虑人类社会经济活动对海岸带生态系统造成的各种影响,建立了海岸带城市综合生态承载力评价体系;Hu 等(2021)构建了生态脆弱区生态承载力评价体系,探究城市发展强度对生态承载力的影响;刘世梁等(2019)将景观格局与植被变化因子引入生态承载力综合评价中,以石家庄市为例,开展了耦合景观格局与生态系统服务的生态承载力综合评价。总体来看,由于地域区位、自然条件、经济基础等方面的差异,生态承载力的限制因素也大不相同,目前尚未构建起具有普适性、广泛认可性的生态承载力评价指标体系(魏晓旭 等,2019)。

2.1.2.3 生态足迹法

生态足迹(Ecological footprint,EF)最早由加拿大生态经济学家 William 和其博士生 Wackemagel 提出(Rees,1990),并称之为适当的承载力(appropriated carrying capacity)。他将其定义为一种人类对于地球生态系统需求的自然资本的标准化的度量方式。自然资本与可再生的全球生态承载力的比值,可用于表征生态系统的承载力,即反映了具有初级生产力的土地和海域提供给人口所需的资源和吸纳人类排放的废物的能力。

生态足迹是目前可持续发展生态评估中应用最广泛且最成功的理论与

方法之一,此方法简单易懂,结果可信,特别是使得生物资源的能耗与自然生态的承载力具有了全球可比性。但其在贸易调整方法、模型参数选择弹性、社会经济因素的影响等方面也存在着种种缺陷及不足,造成评价结果与可持续程度不对等(白钰 等,2008)。同时,目前的研究成果关于生态承载力空间尺度与空间分异涉足较少。

2.1.2.4 状态空间法

状态空间法是一种特殊的综合评价法,由毛汉英和余丹林(2001)提出,是由各要素状态向量在空间内组成的三维坐标轴来定量描述区域承载力状况的一种评价方法,将三维坐标轴的 x、y、z 轴分别界定为资源轴、环境轴和人类活动轴,利用状态空间中的原点同系统状态点构成的矢量模数,来表示区域承载力的大小。后来的研究也多从这三个角度出发,根据研究区域与数据的不同加以适当调整。

熊建新等(2012)利用状态空间法,建立生态弹性力、资源环境承载力和社会经济协调力三维坐标轴,对洞庭湖区生态承载力进行了综合评价;纪学朋等(2017)以甘肃省为研究区,利用状态空间法构建生态承载力评价指标体系,对甘肃省生态承载力的空间分异特征、空间关联特征以及耦合协调性进行分析。

综合评价法因为考虑因素较为全面,指标体系构建和计算较为灵活,适用于结构功能较为复杂的区域,在区域生态承载力的相关研究中使用较为广泛(赵东升 等,2019)。本书以兵团南疆地区作为评价对象,综合考虑生态系统弹性力、资源环境承载力、生态压力,建立相应准则层,同时结合兵团南疆水资源供需矛盾紧张、土地盐碱化问题突出等实际情况,引入了土壤质地、土地盐碱化比例、供水量/用水控制总量等具有兵团南疆特色的评价指标,构建具有兵团南疆特色的生态承载力评价指标体系,定量评价兵团南疆生态承载力,将各种承载力指数以某种组合方式相结合,具有较强的灵活性。对兵团南疆生态承载力进行评价,为保障该地区生态安全,实现社会经济与生态环境协调发展提供理论方法和决策依据。

2.1.3 区域生态承载力研究趋势

目前各领域的专家学者对生态承载力方法的研究已经取得了丰硕成果，其研究方法已从定性描述发展到定量分析和机理研究阶段，越来越趋近于承载力问题的科学本质。同时，生态承载力研究由生态学领域逐渐拓展到经济学、地理学、管理学等众多学科交叉领域，研究对象亦由生物物种转向人类社会，但由于生态系统与人类社会的复杂性，当前的定量研究尚处于探索阶段，仍需不断深入。目前，有诸多学者对我国不同时空尺度的地区，不同研究对象的生态承载力问题开展了大量研究，但相对而言，目前相关研究的动态性、定量化和预判性水平不高，相关成果对于我国现实的可持续发展能力评估和决策支持的有效性十分有限。尽管不同类型的评价方法各有侧重，但本质上均是将生态系统中人与自然资源环境的互动关系进行简化与概念化，抽象地描述生态系统的承载路径，从而计算出某一生态系统的当前承载状况（刘畅等，2020）。然而，目前研究者们对生态系统内资源流动、产品和服务之间的关系分析不够深入，对区域社会经济发展与生态承载力之间的耦合关系和驱动机制尚未有清晰的认知，评价体系中指标选取和计算往往存在很大的主观性（赵东升 等，2019）。未来的研究中，应进一步深入分析生态系统的结构功能对资源、环境、经济要素变化的响应关系，研究承载力内部形成机制与承载机制，探索建立高可信度的多因素耦合生态承载力评价方法，为地区可持续发展政策制定与社会经济规划布局优化应用提供更加科学的支撑。

未来一个时期生态承载力研究有以下趋势：

（1）从单因素承载力研究转向多因素、综合性生态系统承载力研究，强调人类活动对生态承载力影响机制的研究，开展人口、资源、环境、发展多因素、多目标、多层次的交叉综合研究。

（2）从传统的定性分析、统计分析方法转向与遥感（RS）、地理信息系统

(GIS)等技术相结合的模型模拟,开展定量化、大尺度的区域生态承载力研究。

（3）从理论指导转向实践应用,开展生态承载力研究与生态空间管控措施对比分析,分析不同地区生态承载状态,结合产业发展方向,提出有针对性的产业准入条件和约束条件。

2.2　生态保护修复研究进展

2.2.1　生态保护修复概念

生态保护修复是近年来我国政策文件中的常用语,学术界经常将生态保护和生态修复分开使用。"生态保护"是指以生态学为指导,遵循生态规律对生态及其环境进行有意识的保护,保护对象主要为自然、近自然生态系统及自然资源、生物多样性等(付战勇 等,2019)。生态修复是恢复生态学中出现的新词,当前,国内外尚无统一的称谓,欧美中常称为"生态恢复",我国与日本多采用"生态修复"(李永洁 等,2021),除此之外,根据措施方法的侧重点不同,还有"生态重建""生态恢复重建"等称谓。国际恢复生态学会(SER)将"生态恢复"定义为"协助已退化、损害或被破坏的生态系统而进行的恢复过程"(曹宇 等,2019)。我国《辞海》对"生态修复"的定义是"对生态系统停止人为干扰,以减轻负荷压力,依靠生态系统的自我调节能力与自组织能力使其向有序的方向演化,或者利用生态系统的自我恢复能力,辅以人工措施,使受损的生态系统逐步恢复或促使生态系统向良性循环发展"(舒新成,2019)。"生态重建"是指依靠大规模社会投入对受损或者退化严重的生态系统结构或功能恢复原状或重构(彭建 等,2020),从而迅速提高土地生产力,并使生态系统进入良性循环。"生态修复"强调将人的主动治理行为与自然的能动性结合起来,使生态系统修复到有利于人类可持续利用的方向;而生态重建强调通过外界的力量使受损的生态系统恢复到初始状态。综合生态保护、生态修复、生态重建定义来看,其最终目的都是使退化或受损的生态系统回归到一种稳定、健康、可持续的状态(曹宇 等,2019)。本书中的生态保护修复包括生态保护、生态修复和生态重建三重涵义,是指以受到人类活动或自然环境负面影响的生态系统为对象,通过实施相应的生态保护和修复措施,使生态系统回归其正常发展与演化轨迹,提升生态系统稳定性和可持续性。

2.2.2 国内外生态保护修复的发展历程

2.2.2.1 国外发展历程

国外生态保护修复研究起始于 20 世纪初欧美国家对自然资源的利用和管理(彭少麟,2004)。20 世纪 30 年代,北美大平原的"黑色风暴"使美国和加拿大认识到利用自然资源、保护生态环境的重要性,开展了数十年的"大平原"生态修复工程(曹宇 等,2019)。20 世纪中后期,针对资源过度开发带来的严重生态问题,欧洲、北美等国家开展了一系列的较大规模的生态保护修复工程措施,形成了较多的生态保护修复技术模式,美国运用"生命景观"概念,通过组织活动、修复栖息地等工程将纽约清泉公园打造成世界公园,澳大利亚采用综合模式对矿山进行生态重建,日本采用削坡、绿植、沟渠等综合措施对矿山进行生态修复,新加坡将恢复自然河道与"水敏性城市设计"理念结合,实施加冷河生态修复工程,韩国首尔兰芝岛充分利用微生物技术和植被修复技术对生活垃圾填埋场开展修复工作。进入 21 世纪,面对突出的气候危机与生态风险,联合国制定了 2021—2030 年生态系统修复十年计划,旨在推动大规模恢复退化和破坏的生态系统,生态修复工作已成为全球生态环境治理的一个核心议题(李永洁 等,2021)。如今,生态保护修复工作在全球仍处于一个快速推进阶段,生态保护和退化生态系统的恢复正成为全球生态环境治理的一个核心议题。

2.2.2.2　国内发展历程

随着经济社会的快速发展,我国先后出现了生态退化、环境污染、资源趋紧等生态环境问题,为妥善解决这些问题,20 世纪 70 年代开始,我国先后实施了一系列生态保护修复政策和重大工程,生态保护修复取得明显进展。1978 年,针对"三北"(东北、华北、西北)地区森林植被稀少、生态状态脆弱、风沙危害严重等问题,我国启动了为期 70 年的三北防护林工程。"九五"期间,先后颁布实施的《全国生态环境建设规划》《全国自然保护区发展规划纲要(1996—2010)》和《全国生态环境保护纲要》等重要文件,针对水土流失、沙尘暴等问题,启动了国家天然林资源保护、退耕还林(草)和京津风沙源治理等生态工程。这一时期提出的"污染防治与生态保护并重"的环境保护工作方针,彻底改变了长期以来重污染防治、轻生态保护的局面,为 21 世纪生态保护工作奠定了良好基础。"十五"期间,先后制定了《国务院关于落实科学发展观加强环境保护的决定》《国家重点生态功能保护区规划》《中国国家生物安全框架》等政策,提出开展国家级生态功能保护区试点建设,针对有些地区过度放牧、过度开垦的问题,实施沙化土地封禁保护措施。这一时期将生态环境保护摆在同经济发展同等重要的战略地位,部分地区生态恶化趋势得到一定程度的遏制。"十一五"期间,党的十七大首次提出建设生态文明的战略任务,先后颁布实施《全国主体功能区规划》《全国生态功能区划》《全国生物物种资源保护与利用规划纲要》等。这一时期将维护国家生态安全、改善生态环境作为生态文明建设的重要基础,我国生态环境整体恶化态势趋缓,局部地区生态环境呈现改善的势头。"十二五"期间,党的十八大把生态文明建设纳入"五位一体"总布局,出台了《生态文明体制改革总体方案》《关于加强环境保护重点工作的意见》等,完成全国生态环境十年变化(2000—2010 年)调查评估,天然林资源保护、退耕还林还草、退牧还草、防护林体系建设、河湖与湿地保护修复、防沙治沙、水土保持、石漠化治理、野生动植物保护区及自然保护区建设等一批重大生态保护与修复工程稳步实施。这一时期党中央、国务院把生态文明建设摆在更加重要的战略位置,提出了尊重自然、顺应自然、保护自然的生态文明理念和坚持节约优先、保护优先、自然恢复为主的方针,为生态文明建设指明了方向,生态环境质量有所改善。"十三五"期间,党的十九大提出坚持人与自然和谐共生的基本方略,正式确立建设美丽中国战略;2018 年全国生态环境保护大会正式确立了习近平生态文明思想,为新时期生态保护修复工作提供了思想指引和方法路径。《划定并严守生态保护红线的若干意见》的出台,将生态保护红线制度上升为国家战略(王夏晖 等,2021)。2016 年起,国家先后组织实施三批山水林田湖草生态保护修复工程试点和首批山水林田湖草沙一体化保护修复工程项目,启动了"绿水青山就是金山银山"实践创新基地创建、美丽中国先行示范区建设和国家公园建设等,以重大工程和示范创建推动习近平生态文明思想得到强化和落实,我国生态保护修复工作也迈上了快车道。

2.2.3 国内外生态保护修复技术研究进展

2.2.3.1 水土流失治理技术

奥地利、法国、意大利、瑞士及日本等国是较早开展小流域治理的国家。美国的流域治理技术措施主要是在流域不同支沟道内配置中、小型库坝,在主沟道内配置跌水、涵洞及护岸工程等技术措施(Inés et al.,2008)。日本的主要是配置不同类型的拦水坝和筑坝等技术措施。苏联针对区域内多发的泥石流灾害,在治理技术措施方面主要是采用工程技术措施和植物技术措施复合配置的模式,取得了较好的防治效果。澳大利亚在农牧区采取保土耕作和保土放牧技术措施,以达到控制水土流失和改良土壤的目的。我国有着悠久的水土保持治理历史。19 世纪 50 年代,我国黄土高原区实施了林草畜牧协调发展的模式,逐步形成了流域水土流失综合治理的雏形。目前,水土流失治理技术措施分为工程技术、林草技术及农业技术,工程技术措施主要有坡面治理工程,主要包括斜坡固定、山沟截流、沟头防护及梯田工程等;沟壑治理技术措施主要包括谷坊工程、游地坝及小型水库等。水土保持林草技术措施主要包括树草种的选择与配置、草地经营与管理、草地资源开发。水土保持农业技术措施主要有等高耕作、等高沟垄耕作、草田轮作、间作、套种和混作等高带状间作、深耕、少耕、免耕。以上治理技术措施均为水土流失综合治理提供了借鉴。

2.2.3.2　荒漠化治理技术

荒漠化治理历来得到国际社会的广泛关注。美国通过限制土地退化地区的载畜量,调整畜禽结构,推广围栏放牧技术;引进与培育优良物种,恢复退化植被;实施节水保温灌溉技术,保护土壤,节约水源;禁止乱开滥伐矿山、森林等(黄月艳,2010)。印度已利用卫星编制了荒漠化发生发展系列图,基本摸清了不同土地利用体系下土壤侵蚀过程及侵袭程度,开发了一系列固定流沙的技术,如建立防风固沙林带,减低风力,抵御风沙,固定沙丘(周丹丹,2009)。以色列通过采取法律措施制止过载放牧,发展节水灌溉和现代高效农业,合理开发利用有限的水土资源(黄月艳,2010)。我国在防治沙漠化土地方面形成了一套行之有效的防治技术和模式,居世界领先水平,不仅为中国,也为世界治理荒漠化做出贡献(黄月艳,2010)。国家林业局(2003)在《全国林业生态建设与治理模式》一书中,归纳了我国几十年来荒漠化治理的主要技术,可以分为三类:生物治理技术、工程治理技术和化学治理技术。生物治理技术包括林缘区退化水源涵养林生态修复技术、农田防护林造林技术、流动沙丘造林固沙技术、防风阻沙林带造林技术、沙漠沙源带封沙育草保护技术、退耕还林还草防止土壤退化技术等(陈家模,2009)。工程治理技术包括铺设草方格、设置各种材料网膜的固沙工程技术、引水拉沙、治沙造田技术等(阿力木江,2009)。化学治理技术则包括铺设黏土、高分子化学材料、石油沥青制品治沙固结技术,使用化学制品增肥保水造林技术等(朱俊凤 等,1999)。

2.2.3.3 盐碱地改良技术

20 世纪初,国外开始了对盐碱地分布和成因等工作的研究;20 世纪 30 年代建立了以水利工程和土壤改良为中心的明沟暗管等排灌防盐工程系统;20 世纪 50 年代,苏联、澳大利亚和美国等开始采用物理、化学和农业措施改良盐碱地,苏联筛选出了碱冰草、多花黑麦草等耐盐碱植物,美国筛选出了滨藜、密叶滨藜等耐盐植物,澳大利亚采用滨藜等衍生灌木林间作、轮作农作物或休耕放牧等综合措施对盐碱地进行改良(袁汉民,2012)。20 世纪 90 年代,美国、加拿大、澳大利亚等发达国家,充分利用全球定位系统(GPS)、地理信息系统(GIS)、遥感技术(RS)和电磁感应地面电导仪(EM)盐分勘查系统,形成了精确盐碱土改良的高新技术(田长彦 等,2000)。我国的盐碱地改良工作起步较晚,在 20 世纪 50—60 年代,对盐碱地的改良多偏重于农业措施,如种稻改盐、种植绿肥、增施有机肥等,70 年代以后随着国家经济的发展逐步形成以工程措施为主,如淡水压盐、排水洗盐等,取得了良好的效果。20 世纪 90 年代,新疆引进了荷兰暗管排水技术,并得到了广泛的推广应用。综合国内外来看,盐碱地改良技术主要包括水利工程改良、化学改良、农业措施改良和生物改良等方法。

2.2.3.4 农业节水技术

全球各国均不同程度存在水资源短缺等问题,发展节水高效农业是现代农业可持续发展的重要措施。以色列的节水灌溉技术处于世界领先水平,20 世纪 60 年代以色列人创造了滴灌技术,且境内已基本实现滴灌化(王旭 等,2016)。西班牙通过实施管道输水、机械化灌溉技术等设施改造,推广应用喷灌和微灌等现代化灌溉技术,2015 年,喷灌和微灌面积达到 67%(蔡鸿毅 等,2017)。美国 20 世纪 50 年代开始发展喷、微灌,目前已发展为地面灌溉、喷灌和微灌等多种节水灌溉方式,并结合现代技术通过激光平地、脉冲灌水、污水灌溉等提高水利用率(蔡鸿毅 等,2017)。另外,美国利用沙漠植物和淀粉类

物质成功地合成了生物类的高吸水物质,取得了显著的保水效果(吴普特 等,
2007)。日本 20 世纪 60 年代从美国引进喷灌技术,20 世纪 70 年代开始发展
管道化输水,目前管网的自动化、半自动化给水控制设施也比较完善(王贵
忠,2005)。我国 20 世纪 70 年代引入了滴灌技术,并且创新性发明了膜下滴
灌技术,在全国得到了大力推广和广泛使用。综合国内外来看,农业节水技
术主要包括农艺、生物(物理)、水管理和工程节水四类技术,且渠道防渗、输
水管道、大田作物喷灌、经济作物滴灌(吴玉柏 等,2007)等工程节水已得到普
遍应用。

2.2.3.5　森林生态系统保护修复技术

美国森林生态系统保护修复的一个特点是开展多种形式的工程造林活
动,根据不同的立地条件确定了不同的造林技术方式(陈蓬,2005)。苏联对
森林的水源涵养作用十分重视。1973 年,苏联农业部颁发了防护林设计和造
林规程,该规程按土壤类型和土壤特征把防护林建设范围分为八个类型区
(王治国 等,2000)。我国森林生态系统保护与修复工作取得显著进展。目
前,已陆续开展了天然林资源保护工程,退耕还林工程,京津风沙源治理工程
和"三北"、长江中上游、沿海、平原、太行山防护林体系工程,全国治沙工程和
自然保护区建设与野生动植物保护工程等林业生态工程项目,基本形成了我
国林业生态环境建设的新格局(孙景波,2009)。例如,京津风沙源治理工程,
通过对现有植被的保护,以及封山育林、飞播造林、人工造林、退耕还林、草地
治理、小流域综合治理等技术措施,使工程区可治理的沙化土地得到基本治
理(冯长红,2006)。

2.2.3.6　草地生态保护修复技术

草地生态系统保护与修复的研究工作始于 19 世纪中叶,美国和苏联"黑
风暴"事件之后,退化草地的修复重建受到了世界科学界及各国政府的普遍
重视(Diamond,1985)。美国、加拿大、欧洲等从天然植被恢复、人工植被重

建、土壤过程和生物群落等角度探讨了退化草地修复的理论与技术方法
(Klimkowska et al.，2015；Schrautzer et al.，1996)。欧洲各国率先采用施肥
及土壤水分调控等方法改良草地，澳大利亚、新西兰及苏联等国也通过施肥、
灌溉、补播、翻耕、划破草皮、火烧、外来种引入等方式研究草地改良技术
(Bradshaw，1983；Hobbs et al.，1996)。20世纪中叶世界草地普遍退化，恢复
重建被纳入草地生态系统管理目标，草地恢复也从单项技术改良转向系统综
合治理，形成以生物多样性维持、群落结构优化配置、土壤及种子库修复为主
体思路的修复治理技术(Dijk et al.，2007；Seahra et al.，2016)。我国退化草
地的修复技术主要包括物理技术、化学技术、工程技术和生物生态技术，如围栏
封育、休牧轮牧等政策措施，以及翻耕、灌溉、施肥、补播等恢复技术。其中，围栏
封育技术适用于轻度、中度退化草地的自然恢复。对于严重退化的草地生态系
统，靠草地生态系统的自然恢复功能和封育措施是难以恢复到初始状态的，必
须采用重建和改建的方法才能使重度(或极重度)退化草地得以修复。

2.2.4 生态保护修复成效评估方法

随着人们对生态保护修复认识愈来愈深刻，国内外对生态保护修复成效
评估愈加重视。当前，生态保护修复成效评估方法主要包括单指标对比评估
法、综合指数评估法等。其中，综合指数评估法主要包括层次分析法、灰色系
统评估法、模糊综合评估法和综合评分法(表2.4)。

表2.4 生态保护修复成效评估方法对比

评估方法	优点	缺点
单指标对比评估法	操作简便、易行	评估结果受指标选择的科学性影响较大，且不能全面反映成效
层次分析法	将定性分析与定量分析结合起来，求解权重结果更加准确	主观性强，依赖于指标体系，当指标过多时计算较为复杂
灰色系统评估法	对样本量的多少没有要求，计算量较小	指标需要量化，一些量化指标难以获取

评估方法	优点	缺点
模糊综合评估法	能够根据隶属度理论,对模糊、难以量化的非确定性问题进行评估	不能解决指标间的重复问题,评价具有较大的主观随意性
综合评分法	操作简单、易行、全面	人为因素对指标选取、权重的影响较大

2.2.4.1　单指标对比评估法

对于生态保护修复的某些区域可以采用单指标对比分析的评估方法,即根据评估区域特点,选取特征因子进行监测并评估修复后现状,或对比修复前后特征因子变化程度来评估修复效果。顾毓蓉等(2020)结合浮游生物完整性(P-IBI)指数与因子分析,从生物完整性角度对生态修复后松雅湖水生态状况进行排序。彭艳红等(2010)采用 Shannon-Wiener 指数、Simpson 指数、均匀度指数和丰富度指数对南四湖新薛河湖滨带湿地植被的修复效果进行了物种多样性分析,并与 2008 年的物种多样性进行了对比。方一旭(2016)采用植被盖度指标、地上生物量指标等单项指标对朝阳市草原沙化治理政策执行后成效进行评估。单指标对比评估法是一种比较成熟的评估方法,应用领域包括河(湖)生态修复评估、生物多样性评估等。

2.2.4.2　综合指数评估法

生态系统是一个复杂的体系,水、气、土等各生态要素以及外界环境都相互关联,具有密不可分的关系,单一要素无法全面、准确地反映生态修复的成效,需要进行综合效益评估。目前,各国已经发展到由单因子评估向多因子评估的综合研究阶段。综合效益评估法是最常用的评估分析方法,是在一套合理的指标体系下,先计算单指标(或指标组合)的指数,再对单指标指数进行加权平均,最终构造出一个综合指数的过程。综合效益评估法的基础是指标体系,指标体系的科学程度直接决定了最终评估结果是否合理。在一个合理的指标体系下,综合指数评估法的关键就是构造指标的权重,常用的方法包括层次分析法、灰色系统理论、模糊综合评估法和综合评分法等。

（1）层次分析法

层次分析法是20世纪70年代中期由美国著名运筹科学家萨蒂教授创立的，经过多年的发展现已成为一种较为成熟的方法。层次分析法根据评估内容确定评估总目标，将总目标分解成子目标，子目标再分解，形成不同层次的目标树，最后一层即为指标。然后对目标树进行逐层分析，形成判断矩阵，再对判断矩阵进行一致性检验，最后计算组合权重和综合指数，进行综合评估。层次分析法主观性强，依赖于指标体系，当指标过多时，计算变得复杂。目前较多的是将层次分析法和模糊综合评估法结合起来应用。例如，乔梅（2019）利用层次分析法和 Logistic 回归分析相结合的综合评估方法，对陕北退耕区纸坊沟流域水土保持技术进行评估。朱海娟（2015）采用层次分析法对宁夏荒漠化治理效益进行评估。

（2）灰色系统评估法

灰色系统理论是我国学者邓聚龙于1982年提出的。灰色系统评估法根据评估目标确定指标的最优值构成参考序列，通过计算各样本序列与该参考序列的灰色关联度，对被评估对象做出综合比较排序。该方法在充分满足生态工程效益评估多指标、多因素、多目标和指标权重的要求基础上，构造最优评估准则，通过关联度反映水土保持工程综合治理效益的本质特征（赖亚飞，2007）。灰色关联度法计算简单，评估结果依赖于参考序列的选择。灰色系统评估法作为分析信息不完备系统的一种方法，目前广泛应用于工业、农业、气象等诸多领域。

（3）模糊综合评估法

1965年美国控制论专家查德发表了关于模糊集合的第一篇论文，由此产生了一个新的数学分支——模糊数学。模糊综合评估法是基于模糊数学的综合评估方法，其优势在于能够根据隶属度理论，对模糊、难以量化的非确定性问题进行评估，难点在于隶属度函数的构造。50多年来，模糊数学发展十分迅速,应用范围包括自动控制、系统分析、环境科学、生态系统等各领域。翟治芬(2012)应用粗糙集理论、模糊数学理论及层次分析法等实现了典型节水技术的综合评估,并预测了情景下地膜覆盖技术、少免耕技术和雨水集蓄技术应用的适宜区域。

(4)综合评分法

综合评分法是在评价指标无法用统一的量纲进行定量分析的场合,用无量纲的分数进行综合评价。综合评分法首先分别按不同指标的评价标准对各评价指标进行评分,其次采用加权相加,求得总分。综合评分法具有更科学、更量化的优点,主要表现在:引入权值的概念,评价指标结果更具科学性;有利于发挥评价指标专家的作用;有效防止不正当行为。我国政府部门多采用综合评分法进行成效评估,水利部、自然资源部等七个部门制定了《全国水土保持规划实施情况考核细则》,通过定性和定量相结合进行量化打分,全面评估水土保持规划实施成效;生态环境部制定了《生态保护红线监管技术规范保护成效评估(试行)》,采取定性和定量的方式,通过百分制赋分法开展生态保护红线成效评估。

综上所述,目前生态保护修复成效评估的方法已经相当成熟,采用多个指标进行评估的方法已经成为主流趋势,其中综合评分法由于其简单、科学等特点,在我国政府部门得到广泛应用,其评估结果为我国相关部门制定各项规划政策时提供有效借鉴。基于此,本书生态保护修复技术评估将通过定性和定量相结合的方法,采取综合赋分法,邀请相关领域的专家进行赋分,科学评估生态保护修复技术成效。

2.3　山水林田湖草生态保护修复研究进展和工作进程

2.3.1　理论内涵与特征

"山水林田湖草生命共同体"理念是习近平生态文明思想的重要构成,是新时代推进生态保护修复工作的基本遵循和重要指引(王波 等,2020)。2013年11月,习近平总书记在《中共中央关于全面深化改革若干重大问题的决定》说明时首次提出:"山水林田湖是一个生命共同体,人的命脉在田,田的命脉在水,水的命脉在山,山的命脉在土,土的命脉在树。"2017年8月,中央全面深化改革领导小组第三十七次会议又将"草"纳入山水林田湖同一个生命共同体。与此同时,"山水林田湖草生命共同体"在理论基础、内涵特征、治理方法等方面的研究也相继展开。

2.3.1.1 理论基础

近年来,国内学者围绕"山水林田湖草生命共同体"理论体系开展了大量研究,为山水林田湖草沙一体化生态保护和修复提供了坚实的理论基础。刘威尔等(2016)以系统学和景观生态学为基础,探讨了"山水林田湖生命共同体"生态保护和修复的指导思想、目标方法、技术和制度。王波等(2018)以生态系统综合管理、多维度生态修复、最大限度"近自然"修复等生态学理论为指导,提出了承德市山水林田湖草生态保护和修复试点工程实施总体思路和任务工程;吴钢等(2019)提出了以生态系统学为基础、复合生态系统学为核心、可持续发展为指导共同构成的生命共同体的理论框架;王夏晖等(2021)以生态系统生态学、景观生态学、恢复生态学、人类生态学等生态学分支学科为理论指导,提出长江三峡地区山水林田湖草生态保护修复的指导思想、目标指标、实施路径和工程措施。综合来看,"山水林田湖草生命共同体"理念的理论体系是以生态系统生态学、恢复生态学、景观生态学等生态学分支学科为基础,辅以复合生态系统理论、生态系统服务及其权衡协同理论、人与自然共生理论、可持续发展理论等,继而确定山水林田湖草沙冰生态保护和修复的总体思路、目标指标和任务措施,对生态系统实施整体保护、系统修复、综合治理。

2.3.1.2 内涵特征

随着"山水林田湖生命共同体"理念的提出和拓展,相关学者对其理念和特征的研究逐渐深入。从理念内涵来看,王波等(2017,2018)提出了"山水林田湖生命共同体"理念是不同自然生态系统间能量流动、物质循环和信息传递的有机整体,是人类紧紧依存、生物多样性丰富、区域尺度更大的生命有机体,与人类有着极为密切的共生关系,共同组成了一个有机、有序的生命共同体;李春华等(2019)从哲学的角度对内涵进一步延伸,认为该理念是对生态系统中各要素的概括,是一种"形"意,生态系统还包括如湿地、荒漠等生态要素;李达净等(2018)将以往的"山水林田湖草生命共同体"理念拓展为"山水林田湖草—人生命共同体"理念,认为生命共同体本质上是以人为主体,由社会经济系统与山水林田湖草等生态系统共同组成,是人与自然共生、共存、共享的复合生态体系。综上所述,虽然不同学者从不同角度探讨了"生命共同体"理念的基本内涵,但核心要义其实是一脉相承的,是将山、水、林、田、湖、草等生态系统视为有机生命体,各生态系统之间有机关联、互为影响、不能分割,同时与人类共存、共生、共荣的统一整体。从基本特征来看,王波等(2018)较早地论述了"山水林田湖草生命共同体"理念具有整体性、系统性和综合性等特性;李达净等(2018)强调了人在生命共同体中的核心地位,认为其具有整体性、主导性、结构性和动态性;王夏晖等(2018)对"山水林田湖草生命共同体"理念的基本特征进行了较为完整的阐述,认为其具有尺度性、整体性、功能性和均衡性特征。总体来看,"山水林田湖草生命共同体"理念具有整体性、系统性、动态性、主观性和均衡性等特征,生态保护与修复应遵循自然生态系统的整体性及其内在规律,综合运用科学、法律、政策、经济和公众参与等综合手段,对农田、村庄、城镇、流域等不同尺度的自然生态要素进行保护和修复,恢复生态系统的结构和功能,以实现各生态要素的均衡发展。

2.3.1.3　治理方法

"山水林田湖草生命共同体"理念强调了生态系统内部的协同性和关联性,需要采取科学合理的方法开展生态保护和修复。目前,国内外常用的方法主要包括基于自然的解决方案(Nature-based Solution,NbS)、再野化

(rewilding)和景观方法。其中,NbS是指对自然的或已被改变的生态系统进行保护、可持续管理和修复的一系列行动,要求人们更为系统地理解人与自然的关系,强调尽可能采用资源效率和适应大自然的解决方式,是解决传统生态修复项目系统性不足、自然恢复体现不够等问题的有效方法。自然资源部会同财政部、生态环境部印发的《山水林田湖草生态保护修复工程指南》,在生态保护修复工程的整体规划、系统设计、组织实施、绩效评价及监督管理等多环节对 NbS 进行不同程度地转化吸收,使其在中国生态保护修复工作中得以主流化。再野化是指特定区域中荒野程度的提升过程,强调提升生态系统韧性和维持生物多样性,是国际自然保护和生态修复的一种新方法。目前,该方法在北美洲和欧洲已有许多成功案例,例如,美国黄石国家公园通过引入狼使其生态系统结构和功能趋于完整,瑞士国家公园的非干预式管理、白俄罗斯切尔诺贝利隔离区中的野生生物恢复等实践项目均取得了显著成效(杨锐 等,2019)。景观方法是基于景观生态学提出的生态保护和修复方法,其核心是强调空间异质性,考虑了不同尺度下景观要素形成的土地利用和景观格局与社会、经济和生态过程的相互关系,与"山水林田湖草生命共同体"所倡导的整体性和系统性思想是一致的。目前,该方法已在湿地(Peter et al. ,2007)、乡村(张鑫 等,2015)等生态系统保护和修复中得到成功应用。

2.3.2 工程进展

2016 年 9 月,为贯彻落实党中央、国务院的决策部署,统筹自然生态各要素,实行整体保护、系统修复、综合治理,财政部、原国土资源部、原环境保护部启动了首批山水林田湖生态保护修复试点工程。2017—2018 年,又组织实施了第二批、第三批山水林田湖草生态保护修复工程试点的申报工作。截至目前,中央财政累计安排基础奖补资金 460 亿元,开展了 3 批、25 个工程试点,涉及全国 24 个省份(表 2.5)。在此基础上,为统筹推进山水林田湖草沙综合治理、系统治理、源头治理,"十四五"期间又启动了 2 批、19 个山水林田湖草沙一体化保护和修复工程项目(表 2.6)。

表 2.5　国家山水林田湖草生态保护修复试点工程清单

序号	地区	试点工程名称	批次
1	陕西	黄土高原山水林田湖生态保护修复工程	第一批
2	江西	赣州市山水林田湖生态保护修复工程	第一批
3	河北	京津冀水源涵养区山水林田湖生态保护修复工程	第一批
4	甘肃	祁连山山水林田湖生态保护修复工程	第一批
5	青海	祁连山山水林田湖生态保护修复工程	第二批
6	云南	抚仙湖流域山水林田湖生态保护修复工程	第二批
7	吉林	长白山区山水林田湖草生态保护修复工程	第二批
8	福建	闽江流域山水林田湖草生态保护修复工程	第二批
9	山东	泰山区域山水林田湖草生态保护修复工程	第二批
10	四川	广安华蓥山区山水林田湖草生态保护修复工程	第二批
11	广西	左右江流域山水林田湖草生态保护修复工程	第二批
12	河南	南太行地区山水林田湖草生态保护修复工程	第三批
13	山西	汾河中上游山水林田湖草生态保护修复工程	第三批
14	广东	粤北南岭山区山水林田湖草生态保护修复工程	第三批
15	黑龙江	小兴安岭—三江平原山水林田湖草生态保护修复工程	第三批
16	湖北	长江三峡地区山水林田湖草生态保护修复工程	第三批
17	宁夏	贺兰山东麓山水林田湖草生态保护修复工程	第三批
18	湖南	湘江流域和洞庭湖山水林田湖草生态保护修复工程	第三批
19	贵州	乌蒙山区山水林田湖草生态保护修复工程	第三批
20	内蒙古	乌梁素海流域山水林田湖草生态保护修复工程	第三批
21	西藏	拉萨河流域山水林田湖草生态保护修复工程	第三批
22	河北	雄安新区山水林田湖草生态保护修复工程	第三批
23	浙江	钱塘江源头区域山水林田湖草生态保护修复工程	第三批
24	重庆	长江上游生态屏障(重庆段)山水林田湖草生态保护修复工程	第三批
25	新疆	额尔齐斯河流域山水林田湖草生态保护修复工程	第三批

注:数据来源于财政部网站。

表 2.6　国家山水林田湖草沙一体化保护和修复工程项目清单

序号	地区	试点工程名称	批次
1	辽宁	辽河流域山水林田湖草沙一体化保护和修复工程	第一批
2	贵州	武陵山区山水林田湖草沙一体化保护和修复工程	第一批
3	广东	南岭山区韩江中上游山水林田湖草沙一体化保护和修复工程	第一批
4	内蒙古	科尔沁草原山水林田湖草沙一体化保护和修复工程	第一批
5	福建	九龙江流域山水林田湖草沙一体化保护和修复工程	第一批
6	浙江	瓯江源头区域山水林田湖草沙一体化保护和修复工程	第一批
7	安徽	巢湖流域山水林田湖草沙一体化保护和修复工程	第一批
8	山东	沂蒙山区山水林田湖草沙一体化保护和修复工程	第一批
9	新疆	塔里木河重要源流区山水林田湖草沙一体化保护和修复工程	第一批
10	甘肃	甘南黄河上游水源涵养区山水林田湖草沙一体化保护和修复工程	第一批
11	河南	秦岭东段洛河流域山水林田湖草沙一体化保护和修复工程	第二批
12	云南	洱海流域山水林田湖草沙一体化保护和修复工程	第二批
13	湖北	长江荆江段及洪湖山水林田湖草沙一体化保护和修复工程	第二批
14	广西	桂林漓江流域山水林田湖草沙一体化保护和修复工程	第二批
15	四川	黄河上游若尔盖草原湿地山水林田湖草沙一体化保护和修复工程	第二批
16	重庆	三峡库区腹心地带山水林田湖草沙一体化保护和修复工程	第二批
17	江苏	南水北调东线湖网地区山水林田湖草沙一体化保护和修复工程	第二批
18	陕西	秦岭北麓主体山水林田湖草沙一体化保护和修复工程	第二批
19	湖南	长江经济带重点生态区洞庭湖区域山水林田湖草沙一体化保护和修复工程	第二批

注:数据来源于财政部网站。

　　试点工程主要选择关系国家生态安全格局的重点区域和重点流域,基本涵盖京津冀水源涵养区、西北祁连山、黄土高原、川滇生态屏障,以及东北森林带、南方丘陵山地等生态功能区块,与国家"两屏三带"生态安全战略格局相契合,充分体现保障国家生态安全的基本要求。各试点地区结合实际,创新工作举措,积极推进试点工程。例如,河南省实施"一山、一渠、两流域"总体布局,采取管控、修山、治水、护渠、复绿、整地、扩湿等综合性治理措施,系统推进南太行地区生态治理和修复。广东省以空间管控为前提,按照整体保护、系统修复、综合治理、突出问题导向的思路进行方案设计,结合区域总体功能定位进行分区识别,并将重点实施的四大类工程分别优化配置到四大功能分区中。湖北省以"保障一江清水东流"的目标,统筹兼顾"治水、护岸、修山、良田、绿城、保林"等任务,探索全流域、全方位、全过程生态保护修复的"湖北模式"。青海省提出以硬性的工程措施和软性的管理措施相结合、人工治理修复与自然恢复相结合的方式,通过"连山、通水、育林、肥田、保湖、丰草、统筹"等措施,构筑祁连山生态安全屏障(王夏晖 等,2019)。

通过试点工程的实施,有效解决了试点地区突出的生态环境问题,推进了生态格局优化和生态廊道连通,提高了区域生态系统质量和稳定性;同时,也推动了山水林田湖草沙整体保护、系统修复、综合治理的理念逐渐深入人心,积累了整体性、系统性开展生态保护修复工程的实践经验。在重大生态工程实践与理论探索过程中,又推动"山水林田湖生命共同体"理念内涵得到丰富和拓展,坚持人与自然和谐共生,强调整体系统观,注重综合治理、系统治理、源头治理,增加了"草、沙、冰"生态要素,从流域"三水统筹"转变为"五水统筹",推动生态一体化保护与修复,提升生态系统碳汇能力,推动构建人与自然和谐相处的现代化国家。

第3章 兵团南疆生态承载力及其空间
变异性研究

结合兵团南疆突出生态问题,构建了一套具有兵团南疆特色的指标体系和评价方法,采用遥感监测数据和多源地面基础信息,利用GIS空间分析技术,定量开展了兵团南疆生态承载力评价,明确了生态承载力超载地区及超载原因,并有针对性地提出了提升可持续发展生态承载力的对策建议。

3.1 生态承载力评价思路

根据生态承载力综合评价法的思路,围绕生态系统弹性力、资源环境承载力、生态压力度3个层面,建立植被覆盖、土壤条件、地形类型、资源承载、环境承载、经济压力、人口压力、污染胁迫8项指标。其中,生态系统弹性力,主要目的是衡量不同区域生态系统的自然潜在承载力,其评价结果主要反映生态系统的自我抵抗能力和受到干扰后的自我恢复与更新能力,即生态系统的稳定性。资源环境承载力以资源和环境的单要素承载力为基准,评价结果主要反映资源与环境的承载力的高低。生态压力度,反映生态系统的压力大小,其分值越高,表示系统所受压力越大。综合3个维度8项指标的定量评价数据,采用综合指数法,来反映生态承载力的综合情况。基于生态承载力评价结果,识别兵团南疆生态承载力现状和超载区域,有针对性地提出对策建议。

3.2 生态承载力评价方法

3.2.1 研究方法

生态承载力通俗地理解为承载媒体对承载对象的支持能力。确定一个特定生态系统承载情况,首先必须知道承载媒体的客观承载力大小,被承载对象的压力大小,然后才可了解该生态系统是否超载或低载。

3.2.1.1 生态承载指数

生态承载力的支持能力大小取决于生态弹性能力、资源承载能力和环境承载能力 3 个方面,因此,生态承载指数也相应地从这 3 个方面确定,分别称为生态弹性指数、资源承载指数和环境承载指数。

(1)生态弹性指数

$$\text{CSI}^{\text{eco}} = \sum_{i=1}^{n} S_i^{\text{eco}} W_i^{\text{eco}}$$

式中,S_i^{eco} 为生态系统特征要素,$i = 1, 2, \cdots, 5$,分别代表地形地貌、土壤、植被、气候和水文要素;W_i^{eco} 为各要素相应的权重值。

(2)资源承载指数

$$\text{CSI}^{\text{res}} = \sum_{i=1}^{n} S_i^{\text{res}} W_i^{\text{res}}$$

式中,S_i^{res} 为资源组成要素,$i = 1, 2, 3, 4$,分别代表土地资源、水资源、旅游资源和矿产资源;W_i^{res} 为各要素相应的权重值。

(3)环境承载指数

$$\text{CSI}^{\text{env}} = \sum_{i=1}^{n} S_i^{\text{env}} W_i^{\text{env}}$$

式中,S_i^{env} 为环境组成要素,$i = 1, 2, 3$,分别代表水环境、大气环境和土壤环境；W_i^{env} 为各要素相应的权重值。

3.2.1.2　生态系统压力指数

生态系统的最终承载对象是具有一定生活质量的人口数量，所以生态系统压力指数可通过承载的人口数量和相应的生活质量来反映。其表达式为

$$CPI^{pop} = \sum_{i=1}^{n} P_i^{pop} W_i^{pop}$$

式中，CPI^{pop} 为以人口表示的压力指数，P_i^{pop} 为不同类群人口数量，W_i^{pop} 为相应类群人口的生活质量权重值。

3.2.1.3　生态系统承载压力度

生态承载压力度的基本表达模式为

$$CCPS = CCP/CCS$$

式中，CCS 和 CCP 分别为生态系统中支持要素的支持能力大小和相应压力要素的压力大小。

3.2.1.4　生态承载力综合指数

生态承载力综合指数的大小取决于支持度和压力度，其中支持度由生态系统弹性力和资源环境承载力共同决定，而压力度指标与支持力作用相反。生态承载力综合指数评价模型为

$$生态承载力综合指数 = \frac{生态系统弹性力 \times 0.5 + 资源环境承载力 \times 0.5}{生态压力度}$$

3.2.2　评价体系

3.2.2.1　指标体系构成

兵团南疆地区生态承载力评价指标体系分为 3 项准则层、8 项指标层、18 项分指标层（表 3.1）。准则层分别为：生态系统弹性力、资源环境承载力以及生态压力度。

表 3.1　兵团南疆地区生态承载力评价指标体系

目标层	准则层	指标层	分指标层
兵团南疆地区生态承载力综合指数	生态系统弹性力	土壤条件	土壤质地
			土地盐碱化比例(%)
		土地覆盖	地表覆盖类型
			植被覆盖度(%)
		地形条件	海拔高度(m)
			坡度(°)
	资源环境承载力	资源承载	供水量/用水控制总量
			人均耕地面积(hm²)
			天然草场比例(%)
		环境承载	空气质量指数
			水质指数
	生态压力度	经济压力	人均 GDP(万元)
			第三产业比例(%)
		人口压力	人口密度(人/km²)
		污染胁迫	单位面积 COD 排放量(kg/km²)
			单位面积氨氮排放量(kg/km²)
			单位面积二氧化硫排放量(kg/km²)
			单位面积氮氧化物排放量(kg/km²)

(1)生态系统弹性力是指生态系统的支持条件。可以通过土壤条件、土地覆盖、地形条件等方面来表征生态系统弹性力状况。根据指标选取原则和现有资料情况,分别选取土壤质地、土地盐碱化比例、地表覆盖类型、植被覆盖度、海拔高度、坡度等指标表征。

(2)资源环境承载力分为资源承载和环境承载两个方面。其中,资源承载力是生态承载力的基础条件,根据实际情况,主要考虑兵团南疆地区的耕地、草地、水资源3个方面,且兵团各团场水资源供给方式主要依赖于兵地跨区域调水,用水控制总量更能代表水资源总量,对应选取人均耕地面积、天然草场比例、供水量/用水控制总量等量化指标表征。而环境承载力是生态承载力的约束条件,主要需要考虑水环境、大气环境等方面的因素,对应选取具有代表性的城市的水质指数、空气质量等指标表征。

(3)对人类生态系统而言,生态系统最终的承载对象是具有一定生活质量的人。同时,人类活动对生态环境承载造成的压力,来自于经济、人口、社会、污染等方方面面,是各因素共同作用的结果。因此,生态压力度指标的选取主要考虑经济、人口、污染等方面的因素,选取人均GDP、第三产业占生产总值的比例、人口密度以及单位面积COD、氨氮、二氧化硫、氮氧化物的排放量等具有代表性的指标来表征。

3.2.2.2 权重及标准化

为了使评价结果更具有科学性,需要根据各指标重要程度和影响力的大小确定权重。此外,生态承载力评价指标包括定性指标和定量指标,由于各指标所代表含义不同,需采用赋分法对各指标原始数据进行标准化处理。在指标权重划分方面,参考不同学者对于生态承载力评价指标权重确定方法(陈晨 等,2013;王维 等,2017;刘婷 等,2018),结合兵团南疆特点,对各指标赋予权重值。在标准化方面,将各个指标分为1~5共5个等级,并进行定量赋分。其中,生态系统弹性力和资源环境承载力各个指标等级越高,代表其抗干扰能力、环境供给和容纳能力越强,环境承载能力越强;反之等级越小,承载能力越弱。而生态压力度从经济增长、人口压力、污染胁迫3个方面表征生态承载压力状况,等级越高,压力越大,综合承载力越低。具体权重等级划分情况如表3.2所示。

表 3.2　兵团南疆地区生态承载力评价指标权重及标准化

目标层	准则层	指标层（权重）	分指标层	参数赋值				
				1	2	3	4	5
兵团南疆地区生态承载力综合指数	生态系统弹性力	土壤条件（0.3）	土壤质地	风沙土	棕漠土、灰漠土	寒冻土、草甸土	盐土	沼泽土、水体
			土地盐碱化比例（%）	＞30	20～30	10～20	5～10	＜5
		土地覆盖（0.4）	地表覆盖类型	其他	耕地	水体	草地	稀树草原、灌丛
			植被覆盖度（%）	＜20	20～40	40～60	60～80	＞80
		地形条件（0.3）	海拔高度（m）	＞4000	3000～4000	2000～3000	1000～2000	＜1000
			坡度（°）	＞25	15～25	6～15	2～6	＜2
	资源环境承载力	资源承载（0.5）	供水量/用水控制总量	＞1.3	1.1～1.3	0.9～1.1	0.7～0.9	＜0.7
			人均耕地面积（hm²）	＜0.5	0.5～1.0	1.0～1.5	1.5～2.0	＞2.0
			天然草场比例（%）	＜20	20～40	40～60	60～75	＞75
		环境承载（0.5）	空气质量指数	＞10	8～10	6～8	4～6	＜4
			水质指数	＞6	4～6	3～4	2～3	＜2
	生态压力度	经济压力（0.3）	人均GDP（万元）	＜4	4～6	6～8	8～10	＞10
			第三产业比例（%）	＞0.40	0.30～0.40	0.25～0.30	0.20～0.25	＜0.20
		人口压力（0.3）	人口密度（人/km²）	＜20	20～30	30～50	50～100	＞100
		污染胁迫（0.4）	单位面积COD排放量（kg/km²）	＜500	500～1000	1000～1500	1500～2000	＞2000
			单位面积氨氮排放量（kg/km²）	＜50	50～100	100～150	150～200	＞200
			单位面积二氧化硫排放量（kg/km²）	＜100	100～200	200～300	300～400	＞400
			单位面积氮氧化物排放量（kg/km²）	＜100	100～200	200～300	300～400	＞400

（1）生态系统弹性力方面

土壤条件方面,土壤质地指标参考相关研究,根据不同土壤质地的沙漠化敏感性程度,将不同土壤类型分为 5 个等级并分别赋值,其中沼泽土、水体沙漠化敏感性程度最低,赋值为 5 分,风沙土沙漠化敏感性最高,赋值为 1 分。土地盐碱化比例指标,参考木合塔尔·吐尔洪等（2008）的相关研究,根据不同地区的土地盐碱化比例数据,按照盐碱化面积比例越高,得分越低的原则,将不同师市的土地盐碱化比例赋予 1～5 分等不同的分值,其中盐碱化比例小于 5% 赋值 1 分,大于 30% 赋值 5 分。

土地覆盖方面,参考陈晨等（2013）的相关研究,地表覆盖类型指标依据不同地物的生态功能类型,将地表覆盖类型分为 5 个等级,并分别赋值 1～5 分,其中,稀树草原、灌丛等生态功能良好的覆盖类型赋值为 5 分,裸地等其他覆盖类型生态功能相对较差,赋值 1 分。植被覆盖度指标根据处理后的遥感基础数据,按照植被覆盖比例越高,得分越高的原则,分别赋值 1～5 分,其中,植被覆盖度大于 80% 的像元赋值 5 分,小于 20% 的像元赋值 1 分。

地形条件方面,海拔高度指标,根据不同团场具体海拔高度范围,利用 ArcGIS 软件的数据分类的等间隔法,将海拔高度分为 5 个等级,其中小于 1000 m 团场赋值 5 分,大于 4000 m 的团场赋值 1 分。坡度指标方面,根据《土地利用现状调查技术规程》,按照不同坡度区间水土流失程度不同,将坡度分为 5 个等级,其中小于 2° 的地区坡度赋值 5 分,大于 25° 的地区赋值 1 分。

（2）资源环境承载力方面

资源承载方面,供水量/用水控制总量指标参考兵团南疆各师团用水控制总量及供水数据,将指标值按照等间隔法分为 5 个等级,其中指标值小于 0.7 的团场赋值 5 分,大于 1.3 的赋值 1 分。人均耕地面积指标,利用等间隔分类法,以 0.5 hm² 为间隔,将人均耕地面积数据分为小于 0.5 hm²、0.5～1.0 hm²、1.0～1.5 hm²、1.5～2.0 hm² 以及大于 2.0 hm² 共 5 个等级,分别赋予 1～5 分的分值。天然草场比例指标参考前人研究的分类方法,将数据分为小于 20%、20%～40%、40%～60%、60%～75% 以及大于 75% 等共 5 个等级,分别赋予 1～5 分的分值。

环境承载方面,水质指数指标利用自然断点法将水质指数分为 5 个等级,其中大于 6 为第一等级,赋值 1 分,小于 2 为第五等级,赋值 5 分。空气质量指数指标,利用等间隔法将空气质量指数分为 5 个等级,其中大于 10 为第一等级,赋值 1 分,小于 4 为第五等级,赋值 5 分。

(3)生态压力度方面

经济压力方面,人均 GDP 指标利用等间隔法,将人均 GDP 分为 5 个等级,其中小于 4 万元为第一等级,赋值 1 分,大于 10 万元为第五等级,赋值 5 分。第三产业比例指标,根据陈晨等(2013)的相关研究,将第三产业比例分为 5 个等级,其中大于 0.40 为第一等级,赋值 1 分,小于 0.20 为第五等级,赋值 5 分。

人口压力方面,人口密度指标参考葛美玲等(2008)的相关研究,将指标范围分为 5 个等级,其中小于 20 人/km² 的为第一等级,赋值 1 分,大于 100 人/km² 的为第五等级,赋值 5 分。

污染胁迫方面,单位面积各项污染物排放量指标,利用自然断点法分为 5 个等级,排放量越少,等级越低,赋值越小;排放量越多,等级越高,赋值越大。其中,单位面积 COD 排放量小于 500 kg 的为第一等级,赋值 1 分,大于 2000 kg 的为第五等级,赋值 5 分。单位面积氨氮排放量小于 50 kg 的为第一等级,赋值 1 分,大于 200 kg 的为第五等级,赋值 5 分。单位面积二氧化硫、氮氧化物的排放量小于 100 kg 的为第一等级,赋值 1 分,大于 400 kg 的为第五等级,赋值 5 分。

3.3 数据来源与处理

以遥感监测数据和多源地面基础信息为基础,以 GIS 空间分析为主要技术手段。主要的数据源包括遥感数据、基础地理信息数据、监测数据、统计数据。

（1）遥感数据。500 m 分辨率的 2018 年 MODIS 的土地覆盖数据 MCD12Q1 以及归一化植被指数数据 MOD13A1，用来提取兵团南疆地区的土地覆盖类型，提取耕地、草地的面积与分布信息以及植被覆盖度等信息。

（2）基础地理信息数据。GTOPO30 全球数字高程模型 DEM 数据、行政区划矢量数据、土壤类型数据，用来提取海拔高度、坡度等地形信息、师团的分布信息、土壤质地的分布信息等。

（3）监测数据。2018 年水质量、空气质量监测数据，2018 年污染源普查更新数据等，用来提取水、大气环境、污染排放等指标。

（4）统计数据。新疆生产建设兵团统计年鉴，用于获取人口、面积及经济等方面指标数据。

在最终的指标评价结束后，我们可以得到 4 个方面的评价结果，即生态系统弹性力评价结果（稳定性）、资源环境承载力的评价结果（承载度）、生态压力度评价结果（压力度）以及生态承载力综合指数的评价结果，结合各个结果的计算数值，运用 GIS 技术进行制图展示，可以更加直观地看出各个评价结果的空间分布特征，从稳定性、承载度、压力度等各方面了解兵团南疆各个区域的承载状况，为进一步的兵团南疆的生态保护修复和可持续性发展提供支持。

3.4　生态承载力评价结果

3.4.1　生态系统弹性力评价结果

基于兵团南疆土壤质地、植被覆盖、地形条件等指标数据，结合相关指标权重，加权计算得出各团场生态系统弹性力分值。根据不同团场生态系统弹性力评价分值，将评价结果分为不稳定、弱稳定、中稳定、较稳定、很稳定 5 个等级(表3.3)。

表 3.3　兵团南疆生态系统弹性力评价结果分级标准

等级	不稳定	弱稳定	中稳定	较稳定	很稳定
分值	≤2.5	2.5~3	3~3.5	3.5~4	≥4

　　评价结果显示,多数团场处于"弱稳定"和"中稳定"等级,说明兵团南疆在土质、地形、植被等自然条件方面相对较差,生态环境比较容易受到外界干扰,抗干扰性和稳定性较差。从各团场来看,生态系统弹性力较高的地区主要分布在阿拉尔市周边地区、第二师的北部地区、第三师的克州地区以及十四师南部的部分团场,这些地区因地势平坦、土地覆盖类型较为良好、植被覆盖度较高等因素,生态系统弹性力得分较高;弹性力较差的地区主要分布在第三师的 51 团、53 团、46 团以及兵团南疆边缘地区的 37 团、36 团、皮山农场等地,这些地区土地覆盖类型较差、植被覆盖度较低,容易受到不可逆转的干扰,生态系统弹性力较差(图 3.1)。

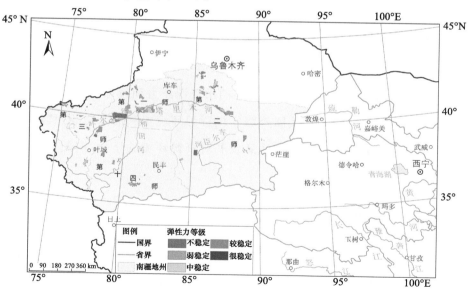

图 3.1　兵团南疆生态系统弹性力评价结果

3.4.2 资源环境承载力评价结果

综合资源和环境两大因素,基于兵团南疆水、气、土、耕地、牧场等指标数据,结合相关指标权重,加权计算得出各团场资源环境承载力分值。根据不同团场资源环境承载力评价分值,将评价结果分为弱承载、低承载、中等承载、较高承载、高承载5个等级(表3.4)。

表3.4　兵团南疆资源环境承载力分级标准

等级	弱承载	低承载	中等承载	较高承载	高承载
分值	≤2	2~2.5	2.5~3	3~3.5	≥3.5

评估结果显示,兵团南疆大部分团场都处在"中等承载"及以下的等级,整体承载能力状况堪忧。从各团场来看,资源环境承载等级较低的区域出现在第十四师的一牧场、47团、皮山农场、224团、第二师的37团以及图木舒克市的51团、53团、44团、45团、46团等地区,这些地区因为水资源压力较大、人均耕地较少、天然草场较少、空气质量较差等因素,资源环境承载力较差;资源环境承载等级较高的区域主要分布在第一师的5团、8团以及第二师北部的部分团场,这得益于各个团场较小的水资源压力和较为丰富人均耕地面积或草地面积。总体来看,兵团南疆区域资源环境承载的能力相对较弱,在社会经济发展的同时,需要时刻注意发展对资源环境的压力,避免造成不可逆转的生态破坏(图3.2)。

3.4.3 生态压力度评价结果

基于兵团南疆经济、人口、污染指标数据,结合相关指标权重,加权计算得出各团场生态压力度分值。根据不同团场生态压力度评价分值,将评价结果分为弱压、低压、中压、较高压、高压5个等级(表3.5)。

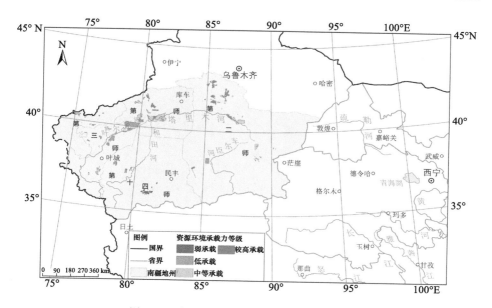

图 3.2　兵团南疆资源环境承载力评价结果

表 3.5　兵团南疆生态压力度分级标准

等级	弱压	低压	中压	较高压	高压
分值	≤2.5	2.5～3	3～3.5	3.5～4	≥4

　　评估结果显示,兵团南疆生态压力度的空间分布存在明显的空间异质性。从各团场来看,压力度最高的地方集中在第一师,尤其是 1 团、6 团、7 团、8 团、13 团等团场压力较为突出,表明第一师经济、人口、污染的压力较大,对生态系统的压力也较大;压力较小的地区位于南疆师团的边缘地区,这些地区人口压力小,经济发展程度不高,污染排放程度也较低。其中,最南端的牧场区域生态压力度最小(图 3.3)。

3.4.4　生态承载力综合评价结果及超载分析

3.4.4.1　生态承载力综合评价空间分布

基于兵团南疆地区的生态系统弹性力、资源环境承载力和生态压力度评

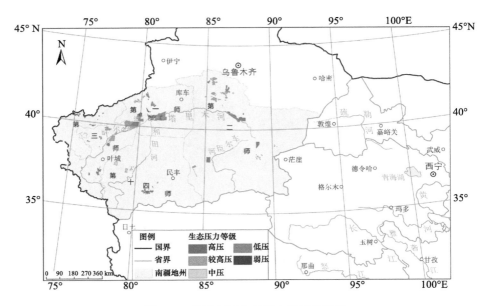

图 3.3 兵团南疆生态压力度评价结果

价结果,按照生态承载力综合指数评价模型,计算得出兵团南疆各团场生态承载力综合指数。该指数以 1 为界线,大于 1 表示生态压力层面指数小于支持层面指数,生态承载力盈余,生态承载力处于可承载的范围;小于 1 表示生态压力层面指数大于支持层面指数,生态承载力处于有所超载的状态;等于 1 则表示压力层面指数与支持层面指数相当,生态承载力处于平衡状态。为更精确地表征评价结果,将生态承载力综合指数分为盈余、可承载、弱超载、超载、严重超载 5 个等级(表 3.6)。

表 3.6 兵团南疆生态承载力综合指数评价标准

等级	盈余	可承载	弱超载	超载	严重超载
分值	>2	1~2	0.8~1	0.5~0.8	≤0.5

评价结果显示,总体上未出现盈余等级,生态承载情况不容乐观,超过 50% 的团场存在不同程度的超载情况,说明各个团场均进行了较大程度的开发利用。从各师来看,南疆四师超载情况严重程度由大到小为:第一师>第

十四师＞第三师＞第二师。从评价等级分布来看,可承载区域主要集中在第二师、第十四师的一牧场以及第三师的部分团场,这部分区域拥有较为适中的生态系统弹性力和资源环境承载力,以及较低的生态压力度,所以综合评价结果为可承载。弱超载区域主要位于第一师大部分团场,第三师的 51 团、43 团、44 团、48 团、49 团,第十四师的 47 团、224 团等地区。超载区域为第一师的 1 团、3 团、7 团、8 团、11 团、13 团、14 团以及第十四师的皮山农场等团场(图 3.4)。

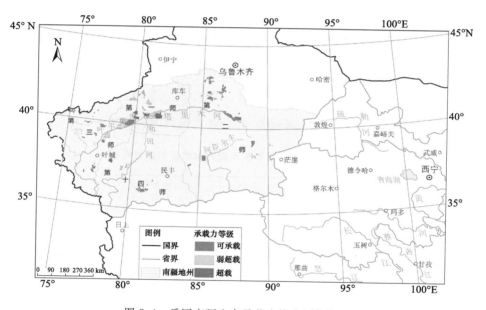

图 3.4 兵团南疆生态承载力综合评价结果

3.4.4.2 超载原因分析

研究结果显示,兵团南疆地区共计 27 个团场存在不同程度的超载情况(表 3.7)。其中,超载团场 8 个,分别为第一师 1 团、3 团、7 团、8 团、11 团、13 团、14 团以及第十四师的皮山农场等团场。第一师的 7 个团场均处于较高的生态压力度下,14 团生态系统弹性力较差,3 团和 11 团资源环境承载力较差,第十四师皮山农场生态压力度较为适中,但生态系统弹性力及资源环境承载力均较差,因此,综合评价结果也处于超载等级。土地覆盖类型较差,耕地、草场较少等,是超载级别团场存在的共性问题。弱超载团场主要分布在第一师、第三师和第十四师。其中,第一师包括2团、4团等9个团场,主要分布在阿拉尔市及其周边地区,其中8个团场全都处在较高的生态压力度下,经济压力、人口压力、污染胁迫等方面居于南疆四师之首,这是造成这些团场生态承载力弱超载最主要的原因,产业发展对水、土、气候条件等自然生态环境依赖性较强。第三师包括41团、43团等共8个团,主要位于图木舒克市及其周边地区。该区域资源环境承载力较弱,人均耕地面积少、草场少是这些团场共性的问题,此外,43团、45团、51团还存在生态系统弹性力较差的情况。第十四师包括47团和224团共2个团,主要分布在昆仑山北麓、塔克拉玛干大沙漠南缘。2个团场存在着土壤类型较差、环境空气质量较差、耕地面积较少等问题,资源环境承载力评价结果较差,综合评价等级为弱超载。

表 3.7　兵团南疆生态承载力超载区问题识别

超载等级	团场	生态系统弹性力等级	资源环境承载力等级	生态压力度等级	原因分析
超载	第一师 1 团	较稳定	中等承载	高压	生态压力度较高,土地覆盖类型较差,耕地、草场较少
	第一师 3 团	中稳定	低承载	较高压	生态压力度较高,土地覆盖类型较差,耕地、草场较少,水资源压力较大
	第一师 7 团	较稳定	中等承载	高压	生态压力度较高,耕地、草场较少
	第一师 8 团	较稳定	中等承载	高压	生态压力度较高,草场较少
	第一师 11 团	中稳定	低承载	较高压	生态压力度较高,土地覆盖类型较差,耕地、草场较少,水资源压力较大

续表

超载等级	团场	生态系统弹性力等级	资源环境承载力等级	生态压力度等级	原因分析
超载	第一师 13 团	中稳定	中等承载	高压	生态压力度较高,土地覆盖类型较差,耕地、草场较少
	第一师 14 团	弱稳定	中等承载	较高压	生态压力度较高,土地覆盖类型较差,耕地、草场较少
	第十四师皮山农场	弱稳定	低承载	中压	土地覆盖类型差,耕地、草场较少
弱超载	第一师 2 团	较稳定	中等承载	较高压	土地覆盖情况较差,草场少,生态压力度高
	第一师 4 团	中稳定	中等承载	中压	土地覆盖情况较差
	第一师 5 团	较稳定	较高承载	较高压	人均耕地面积较少,草场较少,生态压力度高
	第一师 6 团	较稳定	中等承载	高压	人均耕地面积较少,草场较少,生态压力度高
	第一师 10 团	中稳定	中等承载	较高压	草场较少,生态压力度高
	第一师 12 团	较稳定	中等承载	较高压	草场较少,生态压力度较高
	第一师 16 团	很稳定	中等承载	较高压	草场较少,生态压力度较高
	第一师阿拉尔农场	较稳定	较高承载	较高压	草场较少,生态压力度高
	第一师幸福农场	较稳定	中等承载	较高压	草场少,生态压力度高
	第三师 41 团	中稳定	低承载	中压	人均耕地面积少,草场较少
	第三师 43 团	弱稳定	低承载	低压	土地覆盖类型较差,人均耕地面积少,草场较少
	第三师 44 团	中稳定	低承载	中压	人均耕地面积少,草地较少,土地盐碱化比例高

续表

超载等级	团场	生态系统弹性力等级	资源环境承载力等级	生态压力度等级	原因分析
弱超载	第三师45团	弱稳定	低承载	低压	人均耕地面积少,草地较少,土地盐碱化比例高
	第三师48团	中稳定	低承载	低压	人均耕地面积少,草地较少,土地盐碱化比例高
	第三师49团	中稳定	中等承载	中压	人均耕地面积少,土地盐碱化比例高
	第三师51团	不稳定	弱承载	低压	土地覆盖情况差,人均耕地面积少,草场少,土地盐碱化比例高
	第三师54团	中稳定	低承载	中压	人均耕地面积少,土地盐碱化比例高
	第十四师47团	较稳定	弱承载	中压	人均耕地面积少,空气质量差,水资源压力较大
	第十四师224团	较稳定	低承载	中压	人均耕地面积少,空气质量差

第 4 章　兵团南疆生态保护修复技术评估

　　本章在文献调研和专家咨询的基础上，构建了适合兵团南疆的评估指标体系和评估方法，针对兵团南疆突出生态问题，采用综合评分法开展土地沙化治理、盐碱化治理、农林节水和林草生态系统保护等技术评估，根据评估结果，集成了一套适合兵团南疆的生态保护修复关键技术。

4.1　技术评估思路

　　通过咨询相关领域专家和文献调研，围绕技术适宜性、技术成熟度、技术效益、技术推广潜力 4 个层面，建立了水资源条件适宜度、地形条件适宜度、气候条件适宜度、土壤条件适宜度、技术稳定性、技术先进性、生态效益、经济效益、社会效益、技术应用难度 11 项指标体系，在座谈会、实地调研和资料搜集的基础上，对兵团南疆自然环境、经济社会等现状进行分析，研判了兵团南疆水土流失、土地沙化和盐碱化、水资源短缺、森林草原生态系统退化等突出生态问题，结合国家和兵团生态保护修复的需求，明确兵团南疆生态保护修复技术，通过收集整理西北地区常用的土地沙化治理、绿洲盐碱化治理、绿洲农林节水和重要生态系统保护等技术，确定了兵团南疆生态保护修复技术评估对象，邀请相关领域专家，采用综合评分法对技术开展评估，根据评估结果，建立适合兵团南疆的绿洲生态保护修复技术清单(图 4.1)。

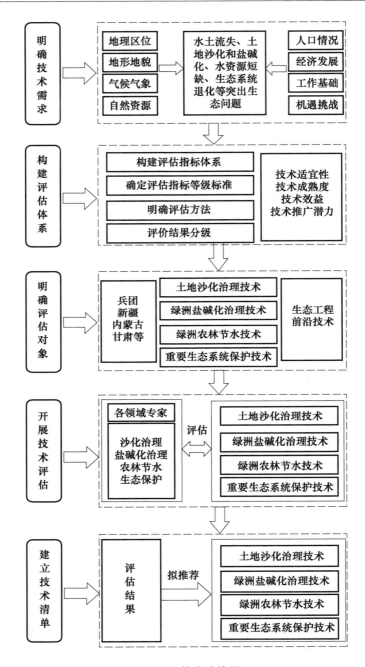

图 4.1　技术路线图

4.2　技术评估方法

4.2.1　评估指标体系构建

4.2.1.1　评估指标体系构建原则

（1）科学性

评估指标体系的构建要充分考虑各类生态治理技术的特征和作用，使其能科学地反映技术的内涵及本质。

（2）全面性

评估指标体系作为一个统一整体，必须能够较为全面地反映技术的特性，具有较强的涵盖性和完整性。

（3）独立性

评估指标应保持相互独立、不存在因果关系，避免指标的重复和交叉给评估结果带来的误差。

（4）可行性

评估指标体系构建的最终目的是为生态保护修复技术的选择提供支撑，指标体系应该符合实际，具有较强的实用性和可操作性。

4.2.1.2　评估指标筛选

我国学者在指标筛选方面做了积极有效的探索，构建"目标—准则—指标"三层次结构的指标体系成为主流趋势。例如，骆汉等（2019）构建了适宜性、应用效果、推广潜力 3 个层次的综合评价指标体系，对水土保持技术、荒漠化治理技术、石漠化治理技术和生态恢复技术 4 个类型技术进行评估；乔梅（2019）从技术成熟度、技术应用难度、技术效益和技术推广潜力 4 个方面，构建了 15 项综合评估指标体系。通过对中国知网（CNKI）数据库中有关土地沙化治理、土地盐碱化治理等技术评估相关文献进行梳理（张浪 等,2016;丁新辉 等,2019),统计了常用的评估指标,主要包括技术适宜性、技术成熟度、技术效益、技术推广潜力四大类型,地形适宜度、土壤适宜度、气候适宜度、水资源适宜度、技术稳定性、技术先进性、生态效益、经济效益、社会效益、技术实施难度和技术应用情况 11 项指标(表 4.1)。

表 4.1 11 项常用的生态保护修复技术评估指标

指标类型	指标
技术适宜性	地形适宜度
	土壤适宜度
	气候适宜度
	水资源适宜度
技术成熟度	技术稳定性
	技术先进性
技术效益	生态效益
	经济效益
	社会效益
技术推广潜力	技术实施难度
	技术应用情况

4.2.1.3 评估指标体系构建

基于评估指标体系筛选原则,结合相关文献对评估指标的使用情况,通过专家咨询,构建了适合兵团南疆的了 4 个准则层、11 个指标层的评估指标体系。该体系划分为目标层(A)、准则层(B)和指标层(C)3 个层次结构。目标层(A)为生态保护修复技术评估综合指数,准则层(B)为技术适宜性、技术成熟度、技术效益、技术推广潜力,指标层(C)分别为水资源条件适宜度、地形条件适宜度、气候条件适宜度、土壤条件适宜度、技术稳定性、技术先进性、生态效益、经济效益、社会效益、技术应用难度、技术应用情况 11 项。在评估指标标准化方面,参考徐飞等(2021)等级赋值法的思路,咨询相关领域的专家,对指标体系进行等级划分(表 4.2)。

表 4.2　兵团南疆生态保护修复技术评估指标体系及分级标准

目标层	准则层	指标层	分级标准
生态保护修复技术评估综合指数	B₁技术适宜性	C₁水资源条件适宜度	技术使用需要的水资源条件与实施区域水资源条件的适合程度。 评分标准:1=完全不适合;2=较不适合;3=一般;4=较适合;5=非常适合
		C₂地形条件适宜度	技术使用需要的地形条件与实施区域地形条件的适合程度。 评分标准:1=完全不适合;2=较不适合;3=一般;4=较适合;5=非常适合
		C₃气候条件适宜度	技术使用需要的气候条件与实施区域气候条件的适合程度。 评分标准:1=完全不适合;2=较不适合;3=一般;4=较适合;5=非常适合
		C₄土壤条件适宜度	技术使用需要的土壤条件与实施区域土壤条件的适合程度。 评分标准:1=完全不适合;2=较不适合;3=一般;4=较适合;5=非常适合
	B₂技术成熟度	C₅技术稳定性	技术是否可以长效发挥作用。 评分标准:1=不稳定;2=较不稳定;3=一般;4=较稳定;5=稳定
		C₆技术先进性	技术所处水平层次。 评分标准:1=简单集成;2=区域先进;3=国内先进;4=洲际先进;5=全球先进

目标层	准则层	指标层	分级标准
生态保护修复技术评估综合指数	B₃技术效益	C₇生态效益	技术实施对生态环境改善的贡献。 评分标准:1=效果不明显;2=效果一般;3=效果较好;4=效果良好;5=效果非常好
		C₈经济效益	技术实施对经济增长的贡献。 评分标准:1=效果不明显;2=效果一般;3=效果较好;4=效果良好;5=效果非常好
		C₉社会效益	技术实施对社会公共利益和社会发展方面的贡献。 评分标准:1=效果不明显;2=效果一般;3=效果较好;4=效果良好;5=效果非常好
	B₄技术推广潜力	C₁₀技术应用难度	技术操作简易程度。 评分标准:1=技术操作难度高;2=技术操作难度较高;3=技术操作难度适中;4=技术操作难度较低;5=技术操作难度低
		C₁₁技术应用情况	技术在实际中应用情况。 评分标准:1=技术处于基础理论研究;2=技术通过工程示范;3=技术得到规范化与标准化;4=技术在西北地区得到推广使用;5=技术在全国大范围推广使用

4.2.2 评估方法构建

4.2.2.1 评估赋分法

邀请相关领域专家,采取德尔菲法,对评估指标等级进行赋分。考虑到兵团南疆干旱缺水等特点,在赋分时向水资源条件适宜度这一指标倾斜(表4.3)。

表 4.3　兵团南疆生态保护修复技术评估赋分表

目标层	准则层		指标层		分值
	评估内容	分值	评估指标	赋分说明	
生态保护修复技术评估分数	B₁技术适宜性	0～65	C₁水资源条件适宜度	技术使用需要的水资源条件与实施区域水资源条件的适合程度。完全不适合（0～7 分）；较不适合（8～14 分）；一般（15～21 分）；较适合（22～28 分）；非常适合（29～35 分）	0～35
			C₂地形条件适宜度	技术使用需要的地形条件与实施区域地形条件的适合程度。完全不适合（0～2 分）；较不适合（3～4 分）；一般（5～6 分）；较适合（7～8 分）；非常适合（9～10 分）	0～10
			C₃气候条件适宜度	技术使用需要的气候条件与实施区域气候条件的适合程度。完全不适合（0～2 分）；较不适合（3～4 分）；一般（5～6 分）；较适合（7～8 分）；非常适合（9～10 分）	0～10
			C₄土壤条件适宜度	技术使用需要的土壤条件与实施区域土壤条件的适合程度。完全不适合（0～2 分）；较不适合（3～4 分）；一般（5～6 分）；较适合（7～8 分）；非常适合（9～10 分）	0～10
	B₂技术成熟度	0～10	C₅技术稳定性	技术是否可以长效发挥作用。不稳定（0～1 分）；较不稳定（2 分）；一般（3 分）；较稳定（4 分）；稳定（5 分）	0～5
			C₆技术先进性	技术所处水平层次。简单集成（0～1 分）；区域先进（2 分）；国内先进（3 分）；洲际先进（4 分）；全球先进（5 分）	0～5

续表

目标层	准则层		指标层		分值
	评估内容	分值	评估指标	赋分说明	
生态保护修复技术评估分数	B₃技术效益	0~15	C₇生态效益	技术实施对生态环境改善的贡献。 效果不明显（0~1分）；效果一般（2分）；效果较好（3分）；效果良好（4分）；效果非常好（5分）	0~5
			C₈经济效益	技术实施对经济增长的贡献。 效果不明显（0~1分）；效果一般（2分）；效果较好（3分）；效果良好（4分）；效果非常好（5分）	0~5
			C₉社会效益	技术实施对社会公共利益和社会发展方面的贡献。 效果不明显（0~1分）；效果一般（2分）；效果较好（3分）；效果良好（4分）；效果非常好（5分）	0~5
	B₄技术推广潜力	0~10	C₁₀技术应用难度	技术操作简易程度。 技术操作难度高（0~1分）；技术操作难度较高（2分）；技术操作难度适中（3分）；技术操作难度较低（4分）；技术操作难度低（5分）	0~5
			C₁₁技术应用情况	技术在实际中应用情况。 技术处于基础理论研究（0~1分）；技术通过工程示范（2分）；技术得到规范化与标准化（3分）；技术在西北地区得到推广使用（4分）；技术在全国大范围推广使用（5分）	0~5
总分	100 分				

4.2.2.2 评估结果分级

在评估结果等级划分方面,参考徐飞等(2021)对生态脆弱性指数进行优、良、中、差 4 个等级划分的方法,根据综合评分对评估结果进行分级,即"优"等级为(85,100],"良"等级为(65,85],"中"等级为(50,65],"差"等级为

(0,50]。在生态保护修复技术选择上,应选择评分为(65,100]的生态修复技术,如有多种技术符合要求,可选择综合评分最高的技术;不宜选择综合评分在 65 以下的生态保护修复技术(表 4.4)。

表 4.4　综合评分等级划分标准

划分级别	优	良	中	差
综合评分	(85,100]	(65,85]	(50,65]	(0,50]

4.3　主要保护修复技术介绍

4.3.1　荒漠土地沙化治理技术

4.3.1.1　油莎豆绿洲防风固沙技术

油莎豆原产地为非洲干旱沙漠区,在长期进化过程中形成了极强的适应性,其根系发达,分蘖能力强,具有抗逆性强(干旱、盐碱)、耐瘠薄、水分利用效率高、病虫害少等优异特性;同时,油莎豆全株可作为绿肥,特别是其块茎可作为优良的有机肥。油莎豆具有防风固沙及地力培育等生态修复功能,是一种脆弱生态系统生物修复先导植物(赵小庆 等,2019)。油莎豆绿洲防风固沙技术是指利用油莎豆防风固沙及地力培育等生态修复功能,在沙区种植油莎豆进行防风固沙的一种生态性工程技术。油莎豆种植在我国已有 70 余年的历史,20 世纪 80 年代,新疆林业系统就曾推广种植油莎豆,以达到改善生态环境和防风固沙的目的(陈树荣 等,2010)。目前,我国新疆、广西、内蒙古、湖南、山东等 20 多个省(区、市)已引种试种。国家和地方相继印发了规范标准,如《油莎豆油》(LS/T 3259—2018)、《寒地油莎豆栽培技术规程》(DB23/T 2697—2020),用于规范和指导油莎豆的种植和产业化发展。油莎豆因具有经济价值高、防风固沙及地力培育等特点,具有多方面的效益,以 2009 年新疆吉木萨尔县试种的 500 亩油莎豆为例,油莎豆草长得很快,生长两个月可基本覆盖沙质土地,具有天然的防风固沙作用;此外,在沙质土壤上种植油莎豆每亩可保证产块茎 1000 多千克,产饲草 900 多千克,每亩收入可达 3000 元,收益远高于新疆主要经济作物;社会效益方面,农民种植户种植油莎豆每亩效益至少为 1500 多元(陈树荣 等,2010)。

4.3.1.2　低覆盖度防风固沙基干林造林技术

防风固沙基干林是防护林体系的主要林种之一,也是"三北"防护林工程、国家重点公益林项目等建设的重点林业。防风固沙基干林建设主要在绿洲外围与沙漠、戈壁、风蚀地相毗连的地带,该地带是造成流动沙丘与风沙流对绿洲危害最主要的地段,对于防止流动沙丘对绿洲的入侵和减弱沙尘暴的发生有显著功效。20 世纪 60 年代始,遵循"密度大,治沙效果好"的原则,我国开展了大规模防沙治沙工程,但固沙林出现了中幼龄林成片衰败死亡现象,损失巨大(杨文斌 等,2016)。针对防风固沙中造林密度大、配置不合理、中幼龄林大面积衰败等问题,为了实现有效治沙及固沙林可持续发展,杨文斌等(2016)从近自然林业思路(接近当地自然植被覆盖度)出发,研究提出了一套低覆盖度(15%～25%)防沙治沙技术体系。低覆盖度固沙林技术,是指在控制成林覆盖度在 15%～25%的前提下,营造人工造林占地 15%～25%、空留 75%～85%土地为植被自然修复带的固沙林。在内蒙古、宁夏、甘肃等地开展试验示范约 200 万 hm²,并广泛应用在京津沙源工程中。实践证明,该技术不仅可以固定流沙,还能明显减少用水量,避免沙区植被衰退或死亡,提供了混交林营造条件,加快了土壤和植被的修复速度,提高生物生产力 8%～20%,降低固沙造林成本 40%～60%。获得 2013 年度内蒙古自治区科学技术进步一等奖和 2017 年度甘肃省科技进步一等奖。

4.3.1.3　"窄林带、小网格"农田防护林建设技术

农田防护林是农林生态系统的重要组成部分(于颖 等,2016),是指配置

在农田周围,以保护农田生态系统为目标的特殊防护林种,同时兼具降低风速、控制土壤侵蚀、塑造农田景观、创建生物栖息环境等调节区域农业环境的功能(吴鹤吟 等,2018)。我国农田防护林建设至今已经有上百年的历史,是在风沙、干旱危害严重的西北、华北、东北地区发展起来的。有学者认为农田防护林建设经历了 3 个阶段:第一阶段始于 20 世纪 50 年代,由国家统一规划,在我国东北、西部和黄河故道等风沙严重地区营造长逾 4000 km 的防风固沙林,以宽林带、大网格为主要结构,以防止风沙的机械作用为目的;第二阶段始于 20 世纪 60 年代初,把营造防护林作为农田基本建设的内容,其主要结构为窄林带、小网格,以改善农田小气候、防御自然灾害为目的;第三阶段将农田防护林作为农田基本建设的重要内容,以改造旧农业生态系统为目的,实现山、水、田、林、路综合治理(吴鹤吟 等,2018)。新疆自 20 世纪 60 年代推行"窄林带、小网格"为主体的网带片相结合的农田防护林体系,起到了很好的效果。

4.3.1.4 "平铺草方格＋高立式"沙漠公路固沙技术

草方格沙障是指用稻草、芦苇、秸秆等韧性材料在流沙中铺设的一定规格的方格沙障。在一系列的工程措施中,草方格是应用时间最长,效果较好的材料之一(张帅 等,2018)。高立式沙障是指采用柴草、芦苇、树枝、秸秆及其他材料,在流动沙地上直立设置的高出地面 50～150 cm 的沙障。"平铺草方格＋高立式"沙漠公路固沙技术是指在公路一侧或两侧布设沙障,高立式沙障布设在草方格沙障外围,起到进一步拦截、阻滞流沙的作用。目前,沙区道路的阻沙主要采用高立式沙障和草方格结合的方式,研究表明,芦苇高立式沙障第 1 年阻沙率达 80%,到第 5 年仍有 60%,是一种有效且经济实用、无污染的阻沙护路设施(张泽宇 等,2020)。该模式主料采用植物,相对其他材料的沙障成本低廉,应用最为广泛,但易腐烂,防护年限短(3～5 年)(李红悦 等,2020)。

4.3.2 绿洲盐碱化治理技术

4.3.2.1 暗管排盐次生盐碱化治理技术

暗管排盐次生盐碱化治理技术是将带有孔隙的管道铺设于地下一定深度(地下水位以上或以下),待灌溉或降雨后,汇入管道的水通过管道排出土地带走盐分,起到改良盐碱地的目的。暗管排盐次生盐碱化治理技术早在17世纪在英国就已经得到应用,我国20世纪50年代才逐渐兴起,80年代开始引进国外先进暗管排水技术和设备(胡明芳 等,2012)。目前新疆、江苏、河北、山东、辽宁、甘肃等多地地采用暗管排盐次生盐碱化治理技术,均取得了显著效果(塔吉姑丽·达吾提,2020)。各地实践表明,和明沟排盐技术相比,暗管排盐次生盐碱化治理技术具有节水、降盐、可改善耕地质量等优点(王晓光 等,2016;姚中英 等,2005)。刘子义(1994)在兵团第二师29团开展暗管排水技术应用研究,暗管排盐量为 69.3 t/hm^2,是明沟的40.1倍;脱盐率达到48.2%,棉花增产27.1%。鉴于技术本身特点,该技术对水资源消耗较大,在利用水利法洗盐的同时,不仅排走了土中的 Cl、Na 等离子,P、Fe、Zn 和 Mn 等土壤中的一些植物必须的矿质元素也同时被排走;此外,灌溉排水工程量大,施工繁琐,投资成本和维护费用较高。

4.3.2.2 四翅滨藜沙漠盐碱地改良技术

四翅滨藜属藜科滨藜属常绿或准常绿灌木,是美国科罗拉多州立大学农业试验站等多个单位历经25年的努力,选育出的对荒漠、半荒漠山旱地牧场改良极有价值的木本饲料树种(孔东升,2009)。四翅滨藜可在土壤含盐量为 5~15 g/kg、pH 为 8~9.5 的盐碱地上生长(中国林业研究所,1990),具有抗旱、抗寒、耐盐碱、速生快长、营养价值高等特点,集改良土壤、防风固沙和饲料应用于一体,是适合盐碱地、干旱半干旱地区广泛种植的优良灌木树种,具有"养羊树""生物脱盐器"的美称,也是联合国粮农组织向全世界推荐的荒漠牧场改良最优树种(胡宗培 等,2004)。自 1989 年中国林科院首次引入,先后在新疆、甘肃、青海和宁夏等地试种,通过区域性栽培试验,在西北干旱荒漠地区表现出了极强的生命力,目前在我国得到大面积推广。

4.3.2.3　粉垄暗沟淡盐排盐技术

粉垄暗沟淡盐排盐技术是近代研发的新型耕作技术,通过一种螺旋型钻头对耕作层全层土壤均匀细碎,再采用人工挖沟,设置排水排盐口,形成耕作松土层以下的一个排水排盐网络系统,不仅起到较佳的淡盐效果,也明显提高单产,经过 2~3 年的排水排盐作用,可达到改造盐碱地、提高土地农产品产量的目的(韦本辉,2016)。粉垄技术耕作不乱土层(耕作层深度可达 50 cm 以上),有利于打破犁底层,加深土壤耕层,提高土壤孔隙度和透气性,增加土壤养分含量,增强储水能力,提高肥料利用率等(孙美乐 等,2020)。但是该技术也存在一定问题,粉垄种植棉花比拖拉机种植的成本要高出 150 元/亩左右,粉垄将地膜打碎混到土壤里,增加地膜回收难度。目前该技术在全国多地已开展实验,新疆、陕西粉垄改良盐碱地实验结果显示:在重度盐碱地经粉垄种植一季棉花后,土壤全盐量下降幅度 31.31%,棉花产量增加 48.40%,盐碱程度由重度降为中度;在轻度盐碱地种植麦后夏玉米,土壤全盐量下降幅度 42.73%,玉米产量增加 34.83%,盐碱程度由轻度脱盐为正常耕地。内蒙古、河南、甘肃、吉林等地的盐碱地上的粉垄试验,也获得粉垄后土壤含盐量下降 20%~50% 的结果(韦本辉 等,2017)。

4.3.3　绿洲农林节水技术

4.3.3.1　膜下滴灌节水技术

膜下滴灌是在引进以色列滴灌技术的基础上,将具有节水增产的局部浸润滴灌技术和具有保墒增温等优点的覆膜技术进行了有机融合,在生产实践中创造出来的新型节水灌溉技术(王旭 等,2016)。该技术是当今世界最先进的节水灌溉技术,引领了新疆农业的革命性变革,是新疆生产建设兵团自主创新的一项滴灌技术,具有保温、保苗、疏松根部土壤结构、适时适量供水、保肥效果好、抑制病虫害的传播、洗盐压碱、使棉花增产优质的优点,同时具投资较大、易堵塞、地膜污染等问题。目前除新疆外,海南、山东、湖北、宁夏、安徽、内蒙古、黑龙江、辽宁、吉林等省(区)也已开始推广。结合"干播湿出"播种技术,即在棉花播种前既不冬灌也不春灌,而是直接整地后铺设地膜、滴灌带和播种棉花,待达到出苗温度时通过膜下滴灌方式少量滴水,使膜下土壤墒情达到棉花种子出苗的要求,与传统播种技术相比,用水量减少20%左右。

4.3.3.2 微喷灌水肥一体化高效节水技术

微喷灌水肥一体化高效节水技术,是一种将微喷灌、施肥和根域限制技术相结合的新型灌溉方式,其中,微喷灌水方式能够使水分雾化,在灌溉时显著提高空气湿度,有利于授粉;高效施肥技术通过不同的施肥水平处理对果树进行灌水施肥试验,得到最优的水肥组合模式;根域限制技术通过控制作物根系的生长,从而使水量得到充分利用。该模式具有省水、省肥、防止深层渗漏以及增产的优点。国家科技支撑项目阿克苏地区实验林场9队红枣实验地结果显示,该模式比常规灌溉技术节水20%～50%;红枣平均增产(对比地面灌溉)30%左右,水分生产效率高达 1.12 kg/m³(地面灌溉为 0.76 kg/m³)。适用于灌区基础设置较好,适宜滴灌安装的区域。

4.3.3.3 涌泉根灌水肥一体化高效节水技术

涌泉根灌水肥一体化高效节水技术,集成了小管出流滴灌技术＋高效施肥技术＋穴施秸秆羊粪保墒技术,通过将灌水器埋设于不同土层深度处进行地下局部灌溉。该技术主要用于果树灌溉,较原有滴灌方式,在很大程度上降低了灌溉过程中的水分消耗和地面蒸发损失。涌泉根灌灌水器内部设置了不同形式的过水流道,提高了对流量控制的精度。此外,由于灌水器外部设置了保护套管,避免了滴头出现堵塞问题。另外,该技术可根据果树不同的种植密度和不同类别果树根系分布情况,通过调整灌水器埋设间距和埋设深度,提高其使用效率,具有很强的操作灵活性。该技术对地形要求不是很高,系统寿命长,可减少根腐病、腐烂病等病害,维护方便。具有省水、省肥、防止深层渗漏以及增产的优点。国家科技支撑项目阿克苏地区温宿县核桃林场实验地结果显示,该技术用水量为 548 m³/亩,远低于地面灌溉灌水量(1200 m³/亩),节水达到了 54.3%,增产达到 8%。

4.3.3.4　大田自动化滴灌技术

自动化灌溉技术是世界发达国家发展高效农业节水的重要举措,以色列、日本、美国等国家较早采用的一种先进技术。2005 年,兵团第一师 3 团自主设计、联合研发的棉田膜下自动化滴灌智能化分析决策系统,荣获 2006 年国家信息产业部颁发的"优秀项目奖",此后该技术在我国得到广泛应用(国家节水灌溉工程技术研究中心(新疆),2014)。自动化灌溉技术是通过采用遥感、传感器来监测土壤墒情和作物生长,对灌溉区用水进行监测预报,实现水管理的自动遥控,对灌溉区实行动态管理,实现农业灌溉用水管理的自动化。主要工程包括自动反冲洗过滤器、自动施肥罐设备、滴管首部及中央控制系统、气象观测站等首部设备,电磁阀与支管和滴管带相互连接、有线或无线远程田间控制器等田间设备。滴灌自动化控制技术具有节水增效节本降耗效果。目前,据不完全统计,全疆已建成大田自动化滴灌面积约 60 万亩,每年新增 15 万~20 万亩,应用作物主要在棉花、加工番茄和果树上,近两年在玉米、小麦等大田粮食作物上也开始应用。

4.3.3.5　风沙前沿区梭梭+柽柳防护林膜下微咸水滴灌技术

风沙前沿区梭梭+柽柳防护林膜下微咸水滴灌技术,是将覆膜灌溉、滴灌和微咸水灌溉有机结合形成的一种新型的节水灌溉技术。滴灌能够精密控制作物所需水分,降低土壤水分在深层的渗透损失,还可使地下水水位下降;而覆膜能够减少土壤蒸发量调节土壤温度,改善作物品质和提高作物产量。兵团南疆水资源尤其是淡水资源短缺,浅层地下水矿化度高,利用微咸水(矿化度≤2 g/L)进行农业灌溉,对于缓解水资源短缺、实现兵团南疆可持续发展具有重要意义。为规范应用咸水资源灌溉,我国部分地区已出台了地方性技术规范,如河北省出台《咸淡水混合灌溉工程技术规范》(DB 13/T 928—2008)、《微咸水灌溉棉花种植技术规程》(DB 13/T 1281—2010),天津市印发了《小麦－玉米咸水灌溉技术规程》(DB 12/T 452—2012)。兵团南疆第二师 33 团研究提出了一套适合当地的梭梭＋柽柳防护林膜下微咸水滴灌技术,利用排碱渠里的(水质 pH 为 8.1,矿化度 5.12 g/L)微咸水和地下矿化水,在风沙前沿区采取膜下滴灌的模式对梭梭、柽柳林进行浇灌,应用面积达到 1000 亩,成活率却达到 90％以上,形成了 1000 亩的沙生植物防护林体系,显著改善了团场腹心沙漠的生态环境。

4.3.4 重要生态系统保育技术

4.3.4.1 绿洲外围沙障＋生态林网天然林保护技术

绿洲外围沙障＋生态林网天然林保护技术是指在沙漠绿洲周围,通过设置沙障,种植沙拐枣、柽柳、梭梭等适生性较好树种,营造防风阻沙林草带林网,保护现有天然荒漠林和绿洲。布设沙障一段时间后,沙障能够起到促进植被恢复和改良土壤的作用,甚至还可以对局地小气候起到一定程度的改善作用。将工程措施和生物措施有效结合,在沙障内种植适宜植物,建设防护林带,对于土壤改良、治沙、天然林保护具有明显效果。

4.3.4.2 绿洲边缘封育＋人工补植天然林保护技术

绿洲边缘天然林保护技术是对于绿洲边缘天然林的保护,主要采取封育管护和人工补植,在绿洲边缘实行退耕还林。封育措施具有投工小、成本低、成林快的特点,是最简单有效的保护和恢复生态的方法。封育期间,在天然林稀疏地采取一定人工补植,能大大提高天然林林分成效。

4.3.4.3　绿洲内部封育＋抚育天然林保护技术

在将水资源合理利用的前提下,以林草植被保护为核心,以退耕还林为主要内容,采取可持续发展的经营战略,遵循森林发育自然规律,实施天然林保育措施,采取各种途径保护、恢复和扩大天然林资源,达到有效保护生态环境、发展森林资源和科学利用的目的。

4.3.4.4　绿洲沙源带封沙育草保护技术

沙源带封沙育草保护技术是指在绿洲阻沙林带与大型高大密集流沙群之间,对其进行封沙育草,是保护绿洲、改善沙区环境的重要组成部分,是干旱区生态环境建设的基本环节。该区域由于接近高大密集流沙中心,沙源物质丰富,水分条件差,离绿洲较远,因而造林难度大,但沙层底部基质常有土质堆积,沙层厚度亦相对较薄,地下水位浅(一般 2~3 m,最深7 m),仍然具有超旱生灌木与草本的生长条件。对仍残留有天然稀疏植被的这一地带,通过封育恢复天然植被,是现实生产力水平下防治沙漠化发展的有效技术。

4.3.4.5　退化草地恢复改良技术

退化草地恢复改良技术主要通过草地围栏封育、松土补播等措施,使其恢复原有草地生态系统的结构和功能。草地封育是把草地暂时封闭一段时期,在此期间不进行放牧或割草,使牧草有一个休养生息的机会,积累足够的营养物质贮藏起来,逐渐恢复草地生产力,并使牧草有进行结籽或营养繁殖的机会,促进草群自然更新。

4.4　技术评估结果

邀请生态保护修复和农业节水相关领域专家 5 位,对荒漠土地沙化治理、绿洲盐碱化治理、绿洲农林节水、重要生态系统保育四大类 17 项技术进行评估。

评估结果显示,除油莎豆绿洲防风固沙技术外,其余16项技术得分为65～85分,按照综合评分划分标准处于"良"等级(表4.5)。

表 4.5　兵团南疆绿洲生态保护修复技术评估结果

技术类型	序号	技术名称	评估分值	评价等级
荒漠土地沙化治理技术	1	油莎豆绿洲防风固沙技术	63.8	中
	2	低覆盖度防风固沙基干林造林技术	71.8	良
	3	"窄林带、小网格"农田防护林建设技术	76.4	良
	4	"平铺草方格＋高立式"沙漠公路固沙技术	84.0	良
绿洲盐碱化治理技术	5	暗管排盐次生盐碱化治理技术	66.4	良
	6	四翅滨藜沙漠盐碱地改良技术	70.0	良
	7	粉垄暗沟淡盐排盐技术	66.8	良
绿洲农林节水技术	8	膜下滴灌节水技术	84.4	良
	9	微喷灌水肥一体化高效节水技术	75.6	良
	10	涌泉根灌水肥一体化高效节水技术	75.4	良
	11	大田自动化滴灌技术	83.4	良
	12	风沙前沿区梭梭＋柽柳防护林膜下微咸水滴灌技术	84.2	良
重要生态系统保育技术	13	绿洲外围沙障＋生态林网天然林保护技术	77.6	良
	14	绿洲边缘封育＋人工补植天然林保护技术	74.0	良
	15	绿洲内部封育＋抚育天然林保护技术	74.4	良
	16	绿洲沙源带封沙育草保护技术	77.0	良
	17	退化草地恢复改良技术	74.8	良

4.4.1　荒漠土地沙化治理技术

4.4.1.1　油莎豆绿洲防风固沙技术

油莎豆绿洲防风固沙技术评估得分63.8,按照综合评分划分标准评分等级为"中",不建议作为荒漠土地沙化治理的技术进行推广(表4.6)。油莎豆虽然具有抗逆性强(干旱、盐碱)、耐瘠薄、水分利用效率高、病虫害少等优异特性,但经济效益受市场化影响较大,目前产业化体系尚不完善,当市场不景气时,容易导致油莎豆停种,造成防风固沙功能失效,不利用大面积推广。

表 4.6　油莎豆绿洲防风固沙技术评估结果

准则层	指标层	分值	专家打分					
			专家 1	专家 2	专家 3	专家 4	专家 5	综合得分
B₁技术 适宜性	C₁水资源条件适宜度	0～35	28	22	32	15	15	22.4
	C₂地形条件适宜度	0～10	9	8	7	5	5	6.8
	C₃气候条件适宜度	0～10	9	5	8	7	4	6.6
	C₄土壤条件适宜度	0～10	8	7	7	6	4	6.4
B₂技术 成熟度	C₅技术稳定性	0～5	3	3	4	4	4	3.6
	C₆技术先进性	0～5	3	3	4	2	2	2.8
B₃技术 效益	C₇生态效益	0～5	3	3	5	2	2	3.0
	C₈经济效益	0～5	2	4	5	3	2	2.8
	C₉社会效益	0～5	2	3	5	2	2	2.8
B₄技术 推广潜力	C₁₀技术应用难度	0～5	5	3	4	3	4	3.8
	C₁₁技术应用情况	0～5	2	2	4	2	2	2.4
小计			74	63	85	51	46	63.8

4.4.1.2　低覆盖度防风固沙基干林造林技术

低覆盖度防风固沙基干林造林技术评估得分 71.8,按照综合评分划分标准评分等级为"良",建议可作为荒漠土地沙化治理的技术进行推广(表 4.7)。技术适宜性方面,低覆盖度种植方式用水量少,植被生命活力较强,对于当地的水资源、气候和土壤等条件具有较好的适宜性。技术成熟度方面,该技术形成的林(乔、灌)与草结合的沙漠(地)植被更加稳定,同时能够调节湿润年与干旱年水量补给不均衡,实现固沙林的可持续发展。该技术获得 2013 年度内蒙古自治区科学技术进步一等奖和 2017 年度甘肃省科技进步一等奖。技术效益方面,可以固定流沙,加快土壤和植被的修复速度,提高生物生产力,降低固沙造林成本。技术推广潜力方面,在内蒙古、宁夏、甘肃等地开展试验示范,并广泛应用在京津沙源工程中。

表 4.7 低覆盖度防风固沙基干林造林技术评估结果

准则层	指标层	分值	专家打分					
			专家 1	专家 2	专家 3	专家 4	专家 5	综合得分
B₁技术适宜性	C₁水资源条件适宜度	0～35	30	22	33	22	20	25.4
	C₂地形条件适宜度	0～10	9	8	8	5	7	7.4
	C₃气候条件适宜度	0～10	9	5	8	7	5	6.8
	C₄土壤条件适宜度	0～10	9	7	9	5	6	7.2
B₂技术成熟度	C₅技术稳定性	0～5	5	4	5	4	4	4.4
	C₆技术先进性	0～5	4	3	3	2	3	3.0
B₃技术效益	C₇生态效益	0～5	4	3	4	3	3	3.4
	C₈经济效益	0～5	3	3	3	2	3	2.8
	C₉社会效益	0～5	3	3	4	3	3	3.4
B₄技术推广潜力	C₁₀技术应用难度	0～5	5	4	4	3	4	4.0
	C₁₁技术应用情况	0～5	5	4	5	3	3	4.0
小计			86	67	87	58	61	71.8

4.4.1.3 "窄林带、小网格"农田防护林建设技术

"窄林带、小网格"农田防护林建设技术评估得分 76.4,按照综合评分划分标准评分等级为"良",建议可作为荒漠土地沙化治理的技术进行推广(表4.8)。技术适宜性方面,相对于宽林带、大网格营造模式,窄林带、小网格模式具有节约用水的优点,适合西北干旱地区气候气象条件。技术成熟度方面,窄林带、小网格成活率较高,可长期稳定。技术效益方面,有降低风速、控制土壤侵蚀、塑造农田景观、创建生物栖息环境等调节区域农业环境的功能。技术推广潜力方面,窄林带、小网格营造模式已有80余年的历史,技术模式相对成熟,目前已出台《农田防护林工程设计规范》(GB/T 50817—2013),且在全国范围内大面积推广,营造技术相对简单。

表 4.8　"窄林带、小网格"农田防护林建设技术评估结果

准则层	指标层	分值	专家打分					
			专家 1	专家 2	专家 3	专家 4	专家 5	综合得分
B₁技术适宜性	C_1 水资源条件适宜度	0～35	30	28	32	21	25	27.2
	C_2 地形条件适宜度	0～10	9	8	8	8	9	8.4
	C_3 气候条件适宜度	0～10	9	5	9	7	8	7.6
	C_4 土壤条件适宜度	0～10	9	7	9	5	8	7.6
B₂技术成熟度	C_5 技术稳定性	0～5	5	3	5	4	4	4.2
	C_6 技术先进性	0～5	4	3	3	2	4	3.2
B₃技术效益	C_7 生态效益	0～5	4	3	4	3	4	3.6
	C_8 经济效益	0～5	3	3	3	2	4	3.0
	C_9 社会效益	0～5	3	4	4	2	4	3.4
B₄技术推广潜力	C_{10} 技术应用难度	0～5	5	4	4	3	4	4.0
	C_{11} 技术应用情况	0～5	5	4	5	3	4	4.2
小计			86	72	86	60	78	76.4

4.4.1.4 "平铺草方格＋高立式"沙漠公路固沙技术

"平铺草方格＋高立式"沙漠公路固沙技术评估得分 84.0，按照综合评分划分标准评分等级为"良"，建议可作为荒漠土地沙化治理的技术进行推广（表 4.9）。技术适宜性方面，与生态技术相比，机械沙障不需要灌溉，用水较少，对于地形要求不高，对于南疆干旱区有较好的适宜性。技术成熟度方面，该技术是国内使用最早、使用范围最广，也是最为简单适用的物理防沙治沙措施，已在荒漠化防治领域广泛应用，沙障采用的芦苇等材料易腐烂，防护年限短，稳定性较差。技术效益方面，相对其他材料的沙障成本低廉，在一定程度上也形成了较为优美的沙漠景观现象。技术推广潜力方面，该技术在南疆多个沙漠公路得到应用，实践证明后期防护效果较好。

表 4.9 "平铺草方格＋高立式"沙漠公路固沙技术评估结果

准则层	指标层	分值	专家打分					
			专家 1	专家 2	专家 3	专家 4	专家 5	综合得分
B₁技术适宜性	C_1水资源条件适宜度	0～35	35	35	35	28	28	32.2
	C_2地形条件适宜度	0～10	10	7	8	7	10	8.4
	C_3气候条件适宜度	0～10	10	10	5	8	10	8.6
	C_4土壤条件适宜度	0～10	10	8	6	6	10	8.0
B₂技术成熟度	C_5技术稳定性	0～5	5	3	2	4	10	4.8
	C_6技术先进性	0～5	4	1	4	2	5	3.2
B₃技术效益	C_7生态效益	0～5	3	3	5	4	5	4.0
	C_8经济效益	0～5	2	3	2	2	5	2.8
	C_9社会效益	0～5	2	4	5	2	5	3.6
B₄技术推广潜力	C_{10}技术应用难度	0～5	5	5	3	3	5	4.2
	C_{11}技术应用情况	0～5	4	4	5	3	5	4.2
小计			90	83	80	69	98	84.0

4.4.2 绿洲盐碱化治理技术

4.4.2.1 暗管排盐次生盐碱化治理技术

暗管排盐次生盐碱化治理技术评估得分 66.4,按照综合评分划分标准评分等级为"良",建议可作为盐碱化治理技术进行推广(表 4.10)。技术适宜性方面,和明沟排盐技术相比,该技术节水节地效果更好,适宜于地形相对平坦的农田。技术成熟度方面,受水质矿化度影响,长期使用容易堵塞。技术效益方面,灌溉排水工程量大,施工繁琐,投资成本和维护费用较高。技术推广潜力方面,该技术在国外应用较早,我国 20 世纪 80 年代才开始引进,目前国内已出台技术规范,江苏、河北、山东、辽宁、甘肃、新疆等地采用暗管排盐技术均取得了显著效果。

表 4.10　暗管排盐次生盐碱化治理技术评估结果

准则层	指标层	分值	专家打分					
			专家1	专家2	专家3	专家4	专家5	综合得分
B_1技术 适宜性	C_1水资源条件适宜度	0~35	25	35	30	22	15	25.4
	C_2地形条件适宜度	0~10	8	9	9	5	4	7.0
	C_3气候条件适宜度	0~10	3	10	8	7	4	6.4
	C_4土壤条件适宜度	0~10	9	8	9	5	4	7.0
B_2技术 成熟度	C_5技术稳定性	0~5	3	4	4	4	3	3.6
	C_6技术先进性	0~5	3	4	4	4	2	3.4
B_3技术 效益	C_7生态效益	0~5	4	3	4	3	2	3.2
	C_8经济效益	0~5	2	3	2	2	2	2.2
	C_9社会效益	0~5	2	3	5	2	2	2.8
B_4技术 推广潜力	C_{10}技术应用难度	0~5	3	2	4	2	3	2.8
	C_{11}技术应用情况	0~5	2	2	5	2	2	2.6
小计			64	83	84	58	43	66.4

4.4.2.2　四翅滨藜沙漠盐碱地改良技术

四翅滨藜沙漠盐碱地改良技术评估得分 70.0,按照综合评分划分标准评分等级为"良",建议可作为盐碱化治理技术进行推广(表 4.11)。技术适宜性方面,四翅滨藜是具有耐干旱、耐贫瘠、耐盐碱等多种优良特性的饲料灌木,能在生态环境恶劣的干旱荒漠生长,是很好的水土保持、牧场改良和改造沙漠树种,在兵团南疆具有较好的适宜性。技术成熟度方面,该技术需要定期种植收割,通过种植收割可长期发挥作用。技术效益方面,四翅滨藜是一种盐碱地改良树种,同时其生物量较大,每公顷达 23 t,是牛、羊冬春季节的救命饲料。技术推广潜力方面,我国的甘肃、青海和宁夏等地于 20 世纪 90 年代先后引进四翅滨藜植物,通过区域性栽培试验,在西北干旱荒漠地区表现出了极强的生命力,目前在我国得到大面积推广。

表 4.11 四翅滨藜沙漠盐碱地改良技术评估结果

准则层	指标层	分值	专家打分					
			专家1	专家2	专家3	专家4	专家5	综合得分
B_1技术适宜性	C_1水资源条件适宜度	0~35	25	22	28	22	22	23.8
	C_2地形条件适宜度	0~10	9	8	7	5	8	7.4
	C_3气候条件适宜度	0~10	9	5	6	6	7	6.6
	C_4土壤条件适宜度	0~10	8	8	8	5	8	7.4
B_2技术成熟度	C_5技术稳定性	0~5	4	3	4	3	5	3.8
	C_6技术先进性	0~5	4	4	4	4	4	3.8
B_3技术效益	C_7生态效益	0~5	4	3	4	3	4	3.6
	C_8经济效益	0~5	3	3	4	3	4	3.4
	C_9社会效益	0~5	3	4	4	2	4	3.4
B_4技术推广潜力	C_{10}技术应用难度	0~5	5	3	3	4	4	3.8
	C_{11}技术应用情况	0~5	3	2	4	2	4	3.0
小计			77	64	76	59	74	70.0

4.4.2.3 粉垄暗沟淡盐排盐技术

粉垄暗沟淡盐排盐技术评估得分66.8,按照综合评分划分标准评分等级为"良",建议可作为盐碱化治理技术进行推广(表4.12)。技术效益方面,该技术不受气候气象影响,且能提高水分利用率。技术成熟度方面,该技术属于国内相对新型的耕作技术,经过2~3年的排水排盐作用,可达到改造盐碱地、提高土地农产品产量的目的。技术效益方面,该技术具有淡盐、改良土壤、提高水分和化肥利用率、提高农作物产量等作用。技术成熟度方面,目前该技术在内蒙古、河南、甘肃、吉林等多地已开展试验,目前已发明专利一项。

表 4.12　粉垄暗沟淡盐排盐技术评估结果

准则层	指标层	分值	专家打分					
			专家 1	专家 2	专家 3	专家 4	专家 5	综合得分
B₁技术 适宜性	C₁水资源条件适宜度	0~35	28	35	26	22	12	24.6
	C₂地形条件适宜度	0~10	9	9	6	5	5	6.8
	C₃气候条件适宜度	0~10	9	10	8	7	5	7.8
	C₄土壤条件适宜度	0~10	9	8	9	5	6	7.4
B₂技术 成熟度	C₅技术稳定性	0~5	4	4	4	4	3	3.8
	C₆技术先进性	0~5	3	4	4	4	2	3.4
B₃技术 效益	C₇生态效益	0~5	3	4	4	3	1	3.0
	C₈经济效益	0~5	2	3	3	2	1	2.2
	C₉社会效益	0~5	2	3	5	2	1	2.6
B₄技术 推广潜力	C₁₀技术应用难度	0~5	3	2	4	3	3	3.0
	C₁₁技术应用情况	0~5	2	2	3	2	2	2.2
小计			74	84	76	59	41	66.8

4.4.3　绿洲农林节水技术

4.4.3.1　膜下滴灌节水技术

膜下滴灌节水技术评估得分 84.4,按照综合评分划分标准评分等级为"良",建议可作为农林节水技术进行推广(表 4.13)。技术适宜性方面,该技术节水效果明显,一般适宜于地形相对平坦的农田。技术成熟度方面,该技术需要定期更换滴灌设施,可以长效发挥作用,是当今世界最先进的节水灌溉技术之一。技术效益方面,该技术具有保温、保苗、疏松根部土壤结构、适时适量供水、保肥效果好、抑制病虫害的传播、洗盐压碱、增产优质的优点,同时存在一次性投资较大、滴头堵塞、地膜污染问题等。技术推广潜力方面,国内已出台应用相关技术规范,在新疆、海南、山东、湖北、宁夏、安徽、内蒙古、黑龙江、辽宁、吉林等省(区)也已开始推广。

表 4.13　膜下滴灌节水技术评估结果

准则层	指标层	分值	专家打分					
			专家 1	专家 2	专家 3	专家 4	专家 5	综合得分
B_1技术适宜性	C_1水资源条件适宜度	0~35	30	35	33	28	27	30.6
	C_2地形条件适宜度	0~10	9	9	9	7	10	8.8
	C_3气候条件适宜度	0~10	9	8	8	7	9	8.2
	C_4土壤条件适宜度	0~10	9	8	9	7	9	8.4
B_2技术成熟度	C_5技术稳定性	0~5	4	4	4	5	5	4.4
	C_6技术先进性	0~5	4	3	4	4	4	3.8
B_3技术效益	C_7生态效益	0~5	4	3	5	4	5	4.2
	C_8经济效益	0~5	4	3	3	4	4	3.6
	C_9社会效益	0~5	4	3	5	4	5	4.2
B_4技术推广潜力	C_{10}技术应用难度	0~5	4	3	4	5	4	4.0
	C_{11}技术应用情况	0~5	4	3	5	5	4	4.2
小计			85	82	89	80	86	84.4

4.4.3.2　微喷灌水肥一体化高效节水技术

微喷灌水肥一体化高效节水技术评估得分 75.6,按照综合评分划分标准评分等级为"良",建议可作为农林节水技术进行推广(表 4.14)。技术适宜性方面,该技术通过喷洒的方式灌水,不受地形坡度和土壤透水性的限制,适宜性较好。技术成熟度方面,该技术是目前世界上对农作物用水进行有效调节的一项先进技术,具有较强的适应性。技术效益方面,该技术具有省水、省肥、防止深层渗漏以及增产的优点。技术推广潜力方面,该技术维护方便,操作灵活性强,但是目前尚未全面推广。

表 4.14 微喷灌水肥一体化高效节水技术评估结果

准则层	指标层	分值	专家打分					
			专家 1	专家 2	专家 3	专家 4	专家 5	综合得分
B$_1$技术适宜性	C$_1$水资源条件适宜度	0～35	30	35	31	28	22	29.2
	C$_2$地形条件适宜度	0～10	9	9	7	7	8	8.0
	C$_3$气候条件适宜度	0～10	9	8	7	7	8	7.8
	C$_4$土壤条件适宜度	0～10	9	8	8	7	7	7.8
B$_2$技术成熟度	C$_5$技术稳定性	0～5	3	4	3	3	3	3.2
	C$_6$技术先进性	0～5	2	3	3	4	3	3.0
B$_3$技术效益	C$_7$生态效益	0～5	4	2	4	4	3	3.4
	C$_8$经济效益	0～5	3	3	4	3	3	3.2
	C$_9$社会效益	0～5	3	3	3	4	4	3.4
B$_4$技术推广潜力	C$_{10}$技术应用难度	0～5	3	2	4	4	3	3.2
	C$_{11}$技术应用情况	0～5	3	3	4	4	3	3.4
小计			78	80	78	75	67	75.6

4.4.3.3 涌泉根灌水肥一体化高效节水技术

涌泉根灌水肥一体化高效节水技术评估得分 75.4,按照综合评分划分标准评分等级为"良",建议可作为农林节水技术进行推广(表 4.15)。技术适宜性方面,该技术对地形要求不是很高,适用于各种果园的节水灌溉。技术成熟度方面,相对于滴灌,该技术系统寿命长,可减少根腐病、腐烂病等病害。技术效益方面,该技术具有省水、省肥、防止深层渗漏以及增产的优点,肥料利用率高。技术推广潜力方面,该技术维护方便,操作灵活性强,但是目前尚未全面推广。

表 4.15 涌泉根灌水肥一体化高效节水技术评估结果

准则层	指标层	分值	专家打分					
			专家1	专家2	专家3	专家4	专家5	综合得分
B₁技术适宜性	C₁水资源条件适宜度	0~35	30	35	31	28	23	29.4
	C₂地形条件适宜度	0~10	9	9	7	7	8	8.0
	C₃气候条件适宜度	0~10	9	8	7	7	8	7.8
	C₄土壤条件适宜度	0~10	9	8	8	7	7	7.8
B₂技术成熟度	C₅技术稳定性	0~5	3	4	3	3	3	3.2
	C₆技术先进性	0~5	2	3	3	4	3	3.0
B₃技术效益	C₇生态效益	0~5	4	2	4	4	3	3.4
	C₈经济效益	0~5	3	3	3	4	3	3.2
	C₉社会效益	0~5	3	3	3	4	4	3.4
B₄技术推广潜力	C₁₀技术应用难度	0~5	3	2	4	3	3	3.0
	C₁₁技术应用情况	0~5	3	3	4	3	3	3.2
小计			78	80	78	73	68	75.4

4.4.3.4 大田自动化滴灌技术

大田自动化滴灌技术评估得分83.4,按照综合评分划分标准评分等级为"良",建议可作为农林节水技术进行推广(表4.16)。技术效益方面,该技术适用于灌区基础设置较好,适宜自动化安装的区域。技术成熟度方面,该技术是世界先进国家发展高效农业节水的重要举措。由团场自主设计、联合研发的棉田膜下自动化滴灌智能化分析决策系统,以其节水、省劳力、自动化程度高、分析决策准确等因素荣获2006年国家信息产业部颁发的"优秀项目奖"。技术效益方面,与常规灌溉相比,具有节水、化肥利用率高、提高劳动生产力、增产等优点。技术推广潜力方面,该技术在国内外已得到大面积推广,以色列、日本、美国等一些国家已采用该先进的节水灌溉技术。

表 4.16　大田自动化滴灌技术评估结果

准则层	指标层	分值	专家打分					
			专家 1	专家 2	专家 3	专家 4	专家 5	综合得分
B₁技术适宜性	C₁水资源条件适宜度	0～35	30	35	34	28	25	30.4
	C₂地形条件适宜度	0～10	9	9	9	7	10	8.8
	C₃气候条件适宜度	0～10	9	8	8	7	9	8.2
	C₄土壤条件适宜度	0～10	9	8	9	7	9	8.4
B₂技术成熟度	C₅技术稳定性	0～5	4	4	4	4	5	4.2
	C₆技术先进性	0～5	4	3	4	5	5	4.2
B₃技术效益	C₇生态效益	0～5	4	2	5	4	5	4.0
	C₈经济效益	0～5	4	3	4	4	4	3.8
	C₉社会效益	0～5	4	3	4	4	5	4.0
B₄技术推广潜力	C₁₀技术应用难度	0～5	4	4	5	3	4	3.6
	C₁₁技术应用情况	0～5	4	3	5	3	4	3.8
小计			85	80	91	76	85	83.4

4.4.3.5　风沙前沿区梭梭＋柽柳防护林膜下微咸水滴灌技术

风沙前沿区梭梭＋柽柳防护林膜下微咸水滴灌技术评估得分 84.2,按照综合评分划分标准评分等级为"良",建议可作为农林节水技术进行推广(表 4.17)。该技术在兵团南疆得到良好应用,利用微咸水灌溉,梭梭、柽柳成活率达到 90%,已形成了 1000 亩的沙生植物防护林体系,显著改善了团场腹心沙漠的生态环境,并使 3.5 万亩农田得到了有效的保护,可长期发挥防风固沙作用,相对于生态防风固沙技术,不仅节省了淡水资源,同时提高了微咸水在当地的资源化利用,且我国部分地区已出台了地方性技术规范,微咸水灌溉技术相对比较成熟。

表 4.17   风沙前沿区梭梭十柽柳防护林膜下微咸水滴灌技术评估结果

准则层	指标层	分值	专家打分					
			专家1	专家2	专家3	专家4	专家5	综合得分
B_1技术适宜性	C_1水资源条件适宜度	0～35	30	35	34	28	25	30.4
	C_2地形条件适宜度	0～10	9	9	9	7	10	8.8
	C_3气候条件适宜度	0～10	9	8	8	7	9	8.2
	C_4土壤条件适宜度	0～10	9	8	9	7	9	8.4
B_2技术成熟度	C_5技术稳定性	0～5	4	4	4	4	5	4.2
	C_6技术先进性	0～5	4	3	4	5	5	4.2
B_3技术效益	C_7生态效益	0～5	4	3	5	4	5	4.2
	C_8经济效益	0～5	4	4	4	4	4	4.0
	C_9社会效益	0～5	4	4	4	4	5	4.2
B_4技术推广潜力	C_{10}技术应用难度	0～5	4	3	5	3	4	3.8
	C_{11}技术应用情况	0～5	4	3	5	3	4	3.8
小计			85	84	91	76	85	84.2

4.4.4   重要生态系统保育技术

4.4.4.1   绿洲外围沙障十生态林网天然林保护技术

绿洲外围沙障十生态林网天然林保护技术评估得分 77.6,按照综合评分划分标准评分等级为"良",建议可作为重要生态系统保育技术进行推广(表4.18)。技术适宜性方面,营造防风阻沙林草需要定期灌溉,对水资源有一定要求。技术成熟度方面,该技术沙障需要定期更换,生态林草需要定期管理,技术整体相对稳定,可长期发挥作用。技术效益方面,将工程措施和生物措施有效结合,在沙障内种植适宜植物,建设防护林带,对于土壤改良、治沙、天然林保护具有明显效果。技术推广潜力方面,该技术在三北防护林重大工程等中已全面推广应用。

表 4.18　绿洲外围沙障十生态林网天然林保护技术评估结果

准则层	指标层	分值	专家打分					
			专家1	专家2	专家3	专家4	专家5	综合得分
B₁技术适宜性	C₁水资源条件适宜度	0～35	30	25	33	24	28	28.0
	C₂地形条件适宜度	0～10	9	8	9	5	9	8.0
	C₃气候条件适宜度	0～10	9	5	8	7	9	7.6
	C₄土壤条件适宜度	0～10	8	5	7	7	5	6.4
B₂技术成熟度	C₅技术稳定性	0～5	5	3	4	4	5	4.2
	C₆技术先进性	0～5	4	2	4	3	5	3.6
B₃技术效益	C₇生态效益	0～5	4	3	5	4	5	4.2
	C₈经济效益	0～5	2	3	4	3	5	3.4
	C₉社会效益	0～5	2	4	4	3	5	3.6
B₄技术推广潜力	C₁₀技术应用难度	0～5	5	3	5	4	4	4.2
	C₁₁技术应用情况	0～5	5	4	5	4	4	4.4
小计			83	65	88	68	84	77.6

4.4.4.2　绿洲边缘封育十人工补植天然林保护技术

绿洲边缘封育十人工补植天然林保护技术评估得分 74.0,按照综合评分划分标准评分等级为"良",建议可作为重要生态系统保育技术进行推广(表 4.19)。技术适宜性方面,该技术以管控措施为主,对于水资源、地形地貌、土壤等自然条件基本无特殊要求,适应性较好。技术成熟度方面,该技术需要长期管控,才能有效发挥作用。技术效益方面,封育措施具有投工小、成本低、成林快的特点,是最简单有效的保护和恢复生态的方法。封育期间,在天然林稀疏地,采取一定人工补植,能大大提高天然林林分成效。技术推广潜力方面,该技术在全国范围内已全面推广。

表 4.19　绿洲边缘封育十人工补植天然林保护技术评估结果

准则层	指标层	分值	专家打分					
			专家 1	专家 2	专家 3	专家 4	专家 5	综合得分
B₁技术适宜性	C₁水资源条件适宜度	0～35	28	26	32	22	24	26.4
	C₂地形条件适宜度	0～10	9	8	9	5	8	7.8
	C₃气候条件适宜度	0～10	9	5	9	7	8	7.6
	C₄土壤条件适宜度	0～10	8	5	6	6	4	5.8
B₂技术成熟度	C₅技术稳定性	0～5	5	3	5	4	4	4.2
	C₆技术先进性	0～5	4	2	4	2	4	3.2
B₃技术效益	C₇生态效益	0～5	4	3	5	4	4	4.0
	C₈经济效益	0～5	2	4	4	4	4	3.4
	C₉社会效益	0～5	2	4	4	3	4	3.4
B₄技术推广潜力	C₁₀技术应用难度	0～5	5	3	5	3	3	3.8
	C₁₁技术应用情况	0～5	5	4	5	4	4	4.4
小计			81	66	88	64	71	74.0

4.4.4.3　绿洲内部封育＋抚育天然林保护技术

绿洲内部封育＋抚育天然林保护技术评估得分 74.4,按照综合评分划分标准评分等级为"良",建议可作为重要生态系统保育技术进行推广(表4.20)。技术适宜性方面,该技术以管控措施为主,对于水资源、地形地貌、土壤等自然条件基本无特殊要求,适应性较好。技术成熟度方面,该技术需要长期管控,才能有效发挥作用。技术效益方面,封育措施具有投工小、成本低、成林快,是最简单有效的保护和恢复生态的方法。封育期间,在天然林稀疏地,采取一定人工补植,能大大提高天然林林分成效。技术推广潜力方面,该技术在全国范围内已全面推广。

表 4.20　绿洲内部封育十抚育天然林保护技术评估结果

准则层	指标层	分值	专家打分					
			专家 1	专家 2	专家 3	专家 4	专家 5	综合得分
B$_1$技术适宜性	C$_1$水资源条件适宜度	0~35	30	26	33	22	25	27.2
	C$_2$地形条件适宜度	0~10	9	8	9	5	8	7.8
	C$_3$气候条件适宜度	0~10	9	5	9	7	8	7.6
	C$_4$土壤条件适宜度	0~10	8	5	7	7	4	6.2
B$_2$技术成熟度	C$_5$技术稳定性	0~5	4	3	5	4	4	4.0
	C$_6$技术先进性	0~5	3	2	4	3	4	3.2
B$_3$技术效益	C$_7$生态效益	0~5	4	3	5	3	4	3.8
	C$_8$经济效益	0~5	2	3	4	4	4	3.4
	C$_9$社会效益	0~5	2	4	5	3	4	3.6
B$_4$技术推广潜力	C$_{10}$技术应用难度	0~5	4	3	5	3	3	3.6
	C$_{11}$技术应用情况	0~5	4	4	5	3	4	4.0
小计			79	66	91	64	72	74.4

4.4.4.4　绿洲沙源带封沙育草保护技术

绿洲沙源带封沙育草保护技术评估得分 77.0,按照综合评分划分标准评分等级为"良",建议可作为重要生态系统保育技术进行推广(表 4.21)。技术适宜性方面,该技术以管控措施为主,对于地形、环境等无特殊要求,适应性较好。技术成熟度方面,该技术需要长期管控,才能有效发挥作用。技术效益方面,封育措施具有投工小、成本低,是最简单有效的保护和恢复草地生态系统的方法。技术推广潜力方面,该技术在全国范围内已全面推广。

表 4.21　绿洲沙源带封沙育草保护技术评估结果

准则层	指标层	分值	专家打分					
			专家 1	专家 2	专家 3	专家 4	专家 5	综合得分
B₁技术适宜性	C₁水资源条件适宜度	0～35	28	28	34	24	29	28.6
	C₂地形条件适宜度	0～10	9	8	9	5	9	8.0
	C₃气候条件适宜度	0～10	9	5	9	7	9	7.8
	C₄土壤条件适宜度	0～10	8	5	6	7	5	6.2
B₂技术成熟度	C₅技术稳定性	0～5	4	3	4	4	5	4.0
	C₆技术先进性	0～5	3	2	4	2	5	3.2
B₃技术效益	C₇生态效益	0～5	4	3	5	3	5	4.0
	C₈经济效益	0～5	2	3	4	3	5	3.4
	C₉社会效益	0～5	2	4	5	3	5	3.8
B₄技术推广潜力	C₁₀技术应用难度	0～5	5	3	5	3	5	4.0
	C₁₁技术应用情况	0～5	4	4	5	3	4	4.0
小计			77	68	90	64	86	77.0

4.4.4.5　退化草地恢复改良技术

退化草地恢复改良技术评估得分 74.8,按照综合评分划分标准评分等级为"良",建议可作为重要生态系统保育技术进行推广(表 4.22)。技术适宜性方面,该技术以管控措施为主,对于地形、环境等无特殊要求,适应性较好。技术成熟度方面,该技术需要长期管控,才能有效发挥作用。技术效益方面,封育措施具有投工小、成本低,是最简单有效的保护和恢复草地生态系统的方法。技术推广潜力方面,原国家林业局于 2008 年印发技术规范,在全国范围内已全面推广。

表 4.22　退化草地恢复改良技术评估结果

准则层	指标层	分值	专家打分					
			专家 1	专家 2	专家 3	专家 4	专家 5	综合得分
B₁ 技术适宜性	C_1 水资源条件适宜度	0～35	28	26	32	24	27	27.4
	C_2 地形条件适宜度	0～10	9	8	9	5	7	7.6
	C_3 气候条件适宜度	0～10	9	5	9	7	8	7.6
	C_4 土壤条件适宜度	0～10	8	5	7	7	4	6.2
B₂ 技术成熟度	C_5 技术稳定性	0～5	4	3	5	4	4	4.0
	C_6 技术先进性	0～5	4	2	4	3	4	3.4
B₃ 技术效益	C_7 生态效益	0～5	4	3	5	4	4	3.8
	C_8 经济效益	0～5	3	4	4	4	4	3.6
	C_9 社会效益	0～5	2	4	5	3	4	3.6
B₄ 技术推广潜力	C_{10} 技术应用难度	0～5	4	3	5	3	3	3.6
	C_{11} 技术应用情况	0～5	4	4	5	3	4	4.0
小计			79	66	90	66	73	74.8

综上所述,根据生态保护修复技术评估结果,按照综合评分划分标准拟推荐处于"良"等级的技术,具体拟推荐技术清单如表 4.23 所示。

表 4.23　兵团南疆生态保护修复拟推荐技术清单

技术类型	序号	技术名称	评价等级
荒漠土地沙化治理技术	1	低覆盖度防风固沙基干林造林技术	良
	2	"窄林带、小网格"农田防护林建设技术	良
	3	"平铺草方格＋高立式"沙漠公路固沙技术	良
绿洲盐碱化治理技术	4	暗管排盐次生盐碱化治理技术	良
	5	四翅滨藜沙漠盐碱地改良技术	良
	6	粉垄暗沟淡盐排盐技术	良

续表

技术类型	序号	技术名称	评价等级
绿洲农林节水技术	7	膜下滴灌节水技术	良
	8	微喷灌水肥一体化高效节水技术	良
	9	涌泉根灌水肥一体化高效节水技术	良
	10	大田自动化滴灌技术	良
	11	风沙前沿区梭梭＋柽柳防护林膜下微咸水滴灌技术	良
重要生态系统保育技术	12	绿洲外围沙障＋生态林网天然林保护技术	良
	13	绿洲边缘封育＋人工补植天然林保护技术	良
	14	绿洲内部封育＋抚育天然林保护技术	良
	15	绿洲沙源带封沙育草保护技术	良
	16	退化草地恢复改良技术	良

第 5 章　兵团南疆绿色发展模式研究

本章在总结分析国内绿色发展典型案例和实践经验的基础上,根据兵团南疆各团场的生态环境问题、生态功能重要性、资源优势基础、产业发展状况等的不同,分别提出生态保护修复、生态制度建设、生态产业化、产业生态化为主的四种发展模式,为兵团南疆绿色发展提供经验借鉴。

5.1　绿色发展工作进展

5.1.1　国家部署

国家层面高度重视绿色发展,生态文明建设得到全面加强。2015 年,中共中央、国务院发布的《关于加快生态文明建设的意见》明确要求:"大力推进绿色发展、循环发展、低碳发展。"此后,国家围绕工业、农业、旅游和服务、交通等方面发布了一系列政策文件,提出了绿色发展的要求。2021 年,国务院发布《关于加快建立健全绿色低碳循环发展经济体系的指导意见》,强调了我国将开始建设绿色低碳循环发展体系和绿色低碳全链条,从绿色工业、绿色农业、绿色服务业等三个方面部署了工作任务。

(1)工业绿色发展方面。《"十四五"工业绿色发展规划》《关于加强产融合作推动工业绿色发展的指导意见》等文件的印发,为"十四五"时期工业绿色发展确立了明确的目标原则和推进方略。

(2)农业绿色发展方面。《"十四五"全国农业绿色发展规划》《"十四五"全国渔业发展规划》《推进生态农场建设的指导意见》等文件,对农业绿色发展指明了方向,农业发展方式迎来战略选择的变革。

(3)旅游业发展方面。国家发展和改革委员会、国家旅游局印发了《全国生态旅游发展规划(2016—2025年)》,确定了全国生态旅游发展的指导思想、基本原则、发展目标、总体布局、重点任务,提出了六个方面的配套体系建设任务,并就实施保障做了具体安排,是未来十年全国生态旅游发展的重要指导性文件。

5.1.2　地方实践

各部门、各地积极开展绿色发展的探索与实践。1990年以来,为实现社会经济与资源环境的协调发展,生态环境部门先后组织以省、市、县为单位,通过试点示范探索将生态环境保护融入地方"三位一体""四位一体"建设各方面和全过程,开展了生态建设示范区(1995—1999年)、生态示范区(2000—2013年)(2013年"生态示范区"更名为"生态文明建设示范区")的建设,生态文明建设示范市县创建和"绿水青山就是金山银山"实践创新基地建设工作在全国范围开展(中共中央文献研究室,2013;崔书红,2021)。截至2021年10月,全国共有362个国家生态文明建设示范市(县),其中有48个地市、314个县区;137个"绿水青山就是金山银山"实践创新基地,其中有13个地市、103个县区、8个乡镇、4个村以及9个其他创建主体,多层次示范体系进一步得到丰富。针对耕地退化区、地下水超采区、面源污染区、生态脆弱区等问题,各地积极打造农业绿色发展"试验田",形成一批适宜不同类型特点的区域农业绿色发展典型模式,截至2020年1月,全国各地共建设了82个国家农业绿色发展先行区,不同区域特征的农业绿色发展模式不断得到丰富。

5.1.3　学术研究

我国众多学者对实践进展与模式进行了大量理论探索与实证研究,在改善生态环境质量、推动产业发展转型等方面梳理总结了一批典型模式和经验。王金南等学者从特色产业体系、生态环境体系、区域合作体系、制度创新体系、生态支付体系五方面提出了实现"绿水青山就是金山银山"的发展机制,为我国实现绿色发展提供了一定参考。刘煜杰(2019)结合"绿水青山就是金山银山"实践创新基地现有的工作基础和实践探索,初步总结了"绿色银行型""腾笼换鸟型""山歌水经型""生态延伸型""生态市场型""生态补偿型""生态惠益型"七种绿色发展模式。崔书红(2021)结合各地推进生态文明示范创建工作做法和经验,提出"守绿换金""添绿增金""点绿成金""绿色资本"四个模式。曾贤刚等(2018)通过分析"绿水青山"的经济属性,提出"生态资源经济化""经济发展生态化"两种绿色发展模式。研究普遍认为,绿色发展的重点在于:沿着生态经济化、经济生态化方向,按照城乡一体和区域协同发展思路,打通生态资产价值化与市场化的转化通道,完善生态产品市场化机制,大力推进生态建设,使资源优势变成经济优势,实现生态资源经济化和经济发展生态化齐头并进发展(胡彩娟,2020;张文明,2020)。

5.1.4　兵团探索

近年来,兵团坚持绿色发展理念,牢记习近平总书记"建设美丽新疆、共圆祖国梦想"的殷切希望,把生态文明建设和环境保护工作摆在突出位置,生态环境持续向好。生态保护修复方面,严守生态保护红线、环境质量底线和自然资源利用上线,全面实施"三北"防护林、天然林资源保护和退耕还林、封沙育林、国家级公益林管护、退牧还草等重点林草保护工程,筑牢生态防护屏障,实施生态治理修复工程,生态保护修复取得显著成效;在环境基础设施建设方面,积极开展团场城镇污水处理设施、生活垃圾无害化处理设施等的建设以及升级改造,开展连队环境综合整治项目,使连队环境卫生得以一定程度的改善;在绿色发展方式方面,不断优化与区域资源环境承载力相适应的产业布局,加大化解过剩产能和淘汰落后产能力度,推动低污染、低能耗、低水耗、高附加值的绿色产业发展,大力发展特色生态旅游业,产业结构得到优化和调整;在生态文明建设方面,积极开展生态示范创建活动,截至 2019 年,共有 26 个团场小城镇获得国家级生态乡镇称号,69 个团场小城镇获得兵团级生态乡镇称号,其中,南疆 9 个团场小城镇获得国家级生态乡镇称号,具体名单如表 5.1 所示。

表 5.1 兵团获得国家级生态乡镇称号的团场名单

批次	师	团场	镇	命名时间(年)
1	第四师	六十二团	金边镇	2003
4	第五师	八十九团	塔斯尔海镇	2006
4	第五师	八十一团	霍热镇	2006
6	第五师	八十三团	沙山子镇	2007
6	第五师	九十团	塔格特镇	2007
7	第八师	一二一团	炮台镇	2008
7	第八师	一五〇团	西古城镇	2008
7	第三师	—	博塔依拉克镇	2008
7	第三师	四十八团	河东新镇	2008
10	第二师	三十三团	库尔木依镇	2012
10	第三师	四十二团	木华黎镇	2012
10	第三师	叶城二牧场	杏花镇	2012
10	第四师	六十六团	金梁子镇	2012
10	第六师	新湖农场	新湖镇	2012
10	第六师	奇台农场	四十里腰站镇	2012
10	第十师	一八二团	顶山镇	2012
10	第十师	一八七团	丰庆镇	2012
12	第二师	二十二团	才吾库勒镇	2014
12	第二师	二十九团	吾瓦镇	2014
12	第二师	二十四团	夏尔托热镇	2014
12	第三师	五十三团	皮恰克松地镇	2014

批次	师	团场	镇	命名时间(年)
12	第十师	一八三团	锡伯渡镇	2014
12	第十师	一八一团	巴里巴盖镇	2014
12	第十二师	五一农场	下四工镇	2014
12	第十三师	红星一场	二道湖镇	2014
12	第十三师	火箭农场	尖尖墩镇	2014

5.2　实践案例分析

5.2.1　内蒙古自治区库布齐沙漠

(1)区域概况

库布齐沙漠是中国第七大沙漠,总面积约为 1.86 万 km^2,主体位于内蒙古鄂尔多斯市杭锦旗境内,生态环境极度脆弱,是内蒙古乃至全国沙漠化和水土流失较为严重的地区之一,也是京津冀地区三大风沙源之一。沙尘一起,一夜之间就可以刮到北京城,库布齐的生态状况不仅关系到本地区发展,也关系到华北、西北乃至全国的生态安全。30 年前,库布齐沙漠腹部地区寸草不生、荒无人烟,风蚀沙埋十分严重,恶劣的生态环境问题已成为地区经济发展的最大障碍。

(2)主要做法

库布齐治沙是以习近平生态文明思想为指导,践行"绿水青山就是金山银山"理念,多措并举推进沙漠化治理,探索"生态、经济、民生"的利益平衡点,实现了多方互惠共赢。一是坚持生态优先,扎实推进生态修复与治理,依托国家重点生态工程,统筹推进水土保持、国土、水利等工程,形成了国家和地方各类工程多轮驱动促进沙区生态持续改善的局面,不断提高沙区生态承载力。二是积极发展治沙生态产业,培育生态健康、生态旅游等产业体系,立足库布齐沙漠、租用农牧民未利用的荒沙地建设光伏治沙新能源基地,创新了"板上发电、板间种草、板下养殖、治沙改土、产业扶贫""五位一体"的光伏治沙模式,构建了"生态修复、生态牧业、生态健康、生态旅游、生态光伏、生态工业"一二三产业融合发展的沙漠生态产业体系;同时,引导广大农牧民通过植树造林、发展特色种植养殖项目等渠道,积极推广"农户＋基地＋龙头企业"的林沙产业发展模式,实现在治沙中致富、在致富中治沙。

(3)主要成效

库布齐已经形成了以生态为底色,三产融合发展的沙漠绿色经济循环体系,实现了大漠荒沙向绿水青山、金山银山转化。数据显示,30年的荒漠化治理使库布齐沙漠近 1/3 面积植被得到恢复,植被覆盖度由 2000 年之前的 26.54% 提高至 2018 年的 49.71%,沙尘天气比 20 年前减少 95%,生物种类增长 10 倍,年降水量由治理前不足 70 mm 增长到超过 300 mm。库布齐沙漠亿利生态示范区因此被联合国确认为"全球生态经济示范区",亿利集团董事长王文彪也荣获"全球治沙领导者奖""地球卫士终身成就奖"。此外,通过发展沙漠生态工业、生态光伏、生态健康、生态旅游和生态农牧业等沙漠生态循环经济产业,带动周边 1303 户农牧民发展起家庭旅馆、餐饮、民族手工业、沙漠越野等,户均年收入 10 万多元,人均超过 3 万元;此外,当地农牧民主动参与企业沙漠治理和改造,先后组建 232 个治沙民工联队,5820 人成为生态建设工人,人均年收入达 3.6 万元。

5.2.2 福建省三明市

(1)区域概况

三明市森林资源丰富,森林覆盖率达到 78.73%,集体林占比高,是我国南方重点集体林区、全国集体林区改革试验区和福建省重要的林产加工基地。2002 年 6 月,时任福建省省长习近平同志到三明市调研,提出了"青山绿水是无价之宝"的重要论断,要求山区发展"念好'山海经',画好'山水画'"。

（2）主要做法

三明市牢记习近平总书记嘱托，认真践行"绿水青山就是金山银山"理念，坚持生态优先，深化改革创新，发挥森林资源优势，探索生态产业化、产业生态化"两山"转化路径，实现了生态环境保护与经济发展协同共进。一是强化生态环境保护修复，厚植绿色底蕴。坚决推进污染防治攻坚战，深入实施大气污染防治行动计划，推进挥发性有机物（VOCs）、氮氧化物、颗粒物等多种污染物协同治理减排；推进重点流域水环境综合整治，实施 35 条小流域水环境综合治理，大力推进污水处理设施建设和改造，实施畜禽养殖业发展和污染防治规划、重点养殖水域规划；扎实推进土壤污染防治工作，开展土壤污染状况调查，建立疑似污染地块名单，在尤溪县开展土壤污染治理与修复试点；推进农村环境保护，加强农业面源污染防治，落实化肥、农药施用量零增长减量化行动计划，大力发展生态农业，建成三明（建宁）国家级种子产业园、三明（沙县）国家农业科技园区等一批现代农业示范园区，深化农村环境综合整治，持续推动"绿盈乡村"建设；持续实施国土绿化，推进山水林田湖草生态保护修复工程。二是坚持林权改革，推动生态产品价值实现。推进集体林权制度改革，建立产权清晰的林权制度体系。推动"林票"制度改革，激发林农活力，促进林业规模化产业化发展，制定了《林票管理办法》，探索了以"合作经营、量化权益、市场交易、保底分红"为主要内容的林票改革试点，引导国有林业企事业单位与村集体或林农开展合作，由国有林业企事业单位按村集体或个人占有的股权份额制发林票。探索林业碳汇产品交易，建立了福建省首个碳汇基金"中国绿色碳汇基金会-永安碳汇专项基金"，发行全国首张林业碳票。

（3）主要成效

生态环境质量保持全省领先，擦亮绿色发展底色。到 2020 年，市区空气质量达标天数比例为 100%，达标率位列全省第一，空气质量综合指数为 2.83，各县（市）环境空气质量达标天数比例均为 100%。沙溪、金溪、尤溪三条主要水系 18 个国(省)控断面水质达标率为 100%,水质状况为"优",全市县级及以上集中式饮用水源地水质达标率为 100%。受污染地块安全利用率达 90% 以上。"十三五"期间,完成 110 个行政村生活污水治理工程和 52393 户三格化粪池建设任务,全市 1736 个行政村均已建立垃圾治理常态机制,共新创初、中级版绿盈乡村 1198 个。打通"两山"转化通道,促进生态价值实现。通过实施林权改革,全市林权交易得到蓬勃发展,共流转林权 5738 起,交易额 18.3 亿元;林业碳汇经济价值逐步显现,实现交易金额 1912 万元,林业碳汇产品交易量和交易金额均为全省第一,惠及村民 1.44 万户 6.06 万人。2020 年,全市林业总产值 1213 亿元,已成为三明市最大的产业集群,有效盘活了沉睡的林业资源资产,打通了森林资源生态价值向经济效益转化的通道,推动形成"保护者受益、使用者付费"的利益导向机制,实现了生态美、产业兴、百姓富的有机统一。

5.2.3　吉林省抚松县

(1)区域概况

抚松县位于吉林省东南部、长白山西北麓,是国家重点生态功能区,抚松县 6159 km² 的国土面积中,有 94.1% 的面积属于禁止开发区域和限制开发区域。抚松县还是松花江源头和全国重要的林业基地,拥有 10 万 hm² 长白山国家级自然保护区,森林覆盖率达到 87.6%,自然资源丰富,生态环境良好,"21 度的夏天""森林城市""冰雪运动天堂"等都是其独特的生态产品名片。

(2)主要做法

面对保障国家生态安全和区域经济发展两大任务,抚松县一手抓生态环境保护,做大做优"绿水青山",提升优质生态产品供给能力;一手抓生态产业发展,因地制宜地发展了矿泉水、人参、旅游三大绿色产业,促进生态产品价值实现和效益提升,不断把"绿水青山"和"冰天雪地"转化为"金山银山",走出了一条独具长白山区特色的生态优先、绿色发展之路。一是加强自然生态系统保护修复,强化生态红线保护和管控,科学编制国土空间规划,将生态敏感区域、饮用水源地等纳入生态保护红线范围;实施"林长制"和天然林保护工程,建立县、乡、村三级林长制责任体系,积极推动植树造林;严格水资源和水源地保护,严格执行取用水总量计划管理,加强对重点区域、重点水源的定期巡护;推进生态保护修复,开展山水林田湖一体化保护修复和大气、水、土壤污染防治攻坚战。二是大力发展生态产业,依托天然矿泉水、人参等特色资源,开展"三品一标"工程,打造泉阳泉饮品等品牌,创建"抚松人参""抚松林下山参"国家地理标识证明商标;做好"旅游文章",依托林海、矿泉、温泉、粉雪等自然禀赋,做大做强生态旅游产业,实现"绿色变真金、白雪换白银"。

（3）主要成效

抚松县自然生态系统的质量和稳定性不断提高,优质生态产品供给能力不断增强。水质持续保持优良,全县 2 个省级考核断面和 2 处县级以上集中式饮用水源地水质达标率为 100%,境内地表水环境质量常年保持在 II 类以上。全县生态公益林占林地面积的 56%,木材总蓄积量为 8500 万 m^3,成为吉林省天然红松母树林基地。生态产品价值有效转化。通过生态产业化和产业生态化,构建了以旅游为主的服务业、以人参为主的医药健康业和以矿泉饮品为主的绿色食品业,三大产业 2020 年占全县 GDP 的比重达到 73%,畅通了生态产品价值实现渠道。

5.2.4　甘肃省张掖市

（1）区域概况

张掖市位于中国甘肃省西北部,河西走廊中段,国土面积为 40874 km^2,辖甘州区、临泽县、高台县、山丹县、民乐县、肃南裕固族自治县六个县（区）。有汉、回、藏、裕固等 38 个民族,其中裕固族是中国唯一集中居住在张掖的一个少数民族。张掖市是国家历史文化名城,古丝绸之路重镇,是新亚欧大陆桥的要道,中国优秀旅游城市,全国第二大内陆河黑河贯穿全境,是甘肃省商品粮基地,自古有"金张掖、银武威"美誉。

（2）主要做法

张掖市通过采取制度措施和发展生态产业的综合措施,深入推进生态文明建设。一是完善制度建设,积极推进重点生态功能区产业负面清单,建立健全国土空间用途管制制度,将祁连山和黑河湿地保护区、水源地一级保护区等国家级、省级禁止开发区域以及其他各类保护地划入生态保护红线范围,采取分区域管控、分类别审批的环境准入制度,构筑起国土空间布局体系的"骨架"和"底盘",最大限度保护重要生态空间。二是大力发展绿色生态产业,加快发展现代生态农业,大力推广"三元双向"农业循环模式,促进种植业、养殖业、菌业产生的废料在三个产业间双向转化;着力发展生态循环型工业,打造特色优势突出、产业协调高效、核心竞争力强的现代生态工业产业体系;着力推动旅游与文化、体育、医养等相关产业深度融合。

（3）主要成效

目前,张掖市生态环境质量不断改善,全市环境空气优良天数比例逐年增加,空气质量连续三年排名全省前列,达到国家二类环境空气质量标准。地表水环境质量水质类别均为Ⅱ类,城市集中式饮用水水质达标率100%,水质持续保持良好。在全省生态文明建设年度评价中,张掖绿色发展指数、生态保护指数和公共满意程度均位居全省第三。已累计创建国家级生态乡镇21个、国家级生态村3个,省级生态乡镇53个、省级生态村21个,位居全省第一。生态产业实现惠民。2018年实现规上工业增加值34.44亿元,全市已建成国家4A级景区16家、位居全省第一,丹霞景区跻身全国百万人次大景区行列。

5.3 兵团南疆绿色发展模式推荐

5.3.1 以生态保护修复为主的城镇(团场、连队)绿色发展模式

该模式适用于生态环境恶劣、环境承载力较差、沙漠边缘等生态环境问

题突出的城镇(团场、连队)。该模式坚持把生态保护与修复、城乡环境整治与乡村振兴战略、生态产业转型、脱贫攻坚任务等重点工作有机结合起来,一方面,坚持以问题为导向,研判问题根源,统筹山水林田湖草系统治理,突出精准治污、科学治污、依法治污,对区域生态环境进行整体保护、系统修复、综合治理,推动生态环境质量改善,提升区域生态系统质量和功能;另一方面,大力发展以生态旅游、生态农业为代表的生态产业,推动城乡有机废弃物资源循环利用,带动群众增收致富。

5.3.2　以生态制度建设为主的城镇(团场、连队)绿色发展模式

该模式适用于生态功能重要、生态资源丰富、区域生态文明体制改革创新能力较强、限制开发或禁止开发的城镇(团场、连队)。该模式坚持绿水青山就是金山银山的理念,坚持用最严格的制度、最严密的法制保护生态环境,将生态保护修复摆在压倒性位置,统筹山水林田湖草系统治理,通过探索节能量交易、水权交易、排污权交易、生态补偿等市场化机制,打通生态产品市场化实现路径,将生态产品转化为生态财富,不断盘活生态资源,实现金融活动与环境保护、生态平衡和经济社会的协调发展,推动构建人与自然和谐相处的新格局。

5.3.3　以生态产业化为主的城镇(团场、连队)绿色发展模式

该模式适用于生态环境本底较好,以种植业、林果业、设施农业、畜牧业等为重点产业发展或自然资源、民族文化优势明显的城镇(团场、连队)。该模式坚持生态优先、绿色发展,坚持推进生态产业化,在生态承载力可承受范围内,通过统筹生态保护、环境整治、旅游开发、文化传承等重点工作,发展以生态农业种植、可持续农业发展、规模化特色林果业为主的绿色农林业,以生态旅游业、生态餐饮业等为主的生态服务业,提高生态产品产出效率,将绿水青山创造更多的"生态＋"模式,发展经济价值的生态服务功能,着力把生态

优势转化为发展优势、竞争优势、经济优势,努力实现经济、社会、生态综合利益最大化。

5.3.4 以产业生态化为主的城镇(团场、连队)绿色发展模式

该模式适用于经济基础较好、资源环境承载力较强、发展潜力较大、集聚人口和经济条件较好的城镇(团场、连队)。该模式坚持绿色循环低碳发展理念,不断强化生态环境保护准入要求,推动产业清洁生产,大力发展循环经济,着力构建传统产业发展新优势,促进低污染、低能耗、低水耗、高附加值的绿色产业发展,协同推进经济高质量发展和生态环境高水平保护。

第6章　兵团南疆生态保护修复总体战略研究

按照"山水林田湖草是生命共同体"理念,综合考虑兵团南疆各师团生态保护与建设的实际需求,系统提出了兵团南疆绿洲生态系统保护修复总体战略,明确了"两核、六区、多节点"的生态保护修复区域布局,规划了"一条主线、两大核心、五种模式、六项任务"的实施路径,逐步推动兵团南疆生态系统格局优化、系统稳定、功能提升。

6.1　总体战略

6.1.1　总体思路

以习近平生态文明思想为指导,贯彻落实党中央治疆方略和生态文明建设战略部署,坚持尊重自然、顺应自然、保护自然,坚持节约优先、保护优先、自然恢复为主,坚持以水定城、以水定地、以水定人、以水定产的原则,围绕"生态卫士"与"绿洲哨兵"的战略定位,以解决荒漠绿洲突出生态环境问题为导向,以促进流域人水和谐、构建生态安全屏障为目标,以实施重要生态系统保护和修复重大工程为抓手,强化生态保护修复技术支撑,推动构建兵地协调水资源统一配置的体制机制,发展特色高效节水型生态产业,畅通绿水青山转化为金山银山的渠道,探索生态-产业-扶贫深度融合发展模式,融合兵地双方在南疆构建大尺度的自然生态环境保护架构,打造"人在城中,城在绿洲,洲沙融合"的生态发展格局,为兵团实施向南发展战略提供科技支撑。

6.1.2　基本遵循

(1)坚持保护优先。落实生态保护红线、环境质量底线、资源利用上线硬约束,尊重自然规律和科学规律,充分发挥大自然的自我修复能力,加大力度减少经济社会活动对自然生态系统的扰动和破坏。

(2)坚持分区施策。根据不同师市的自然生态条件,在明确区域分布、地理环境特点、重点生态问题的基础上,以改善生态环境质量为核心,聚焦问题、因地制宜、分类施策、合理布局,制定相应的战略对策,不断取得新成效。

(3)坚持改革创新。深化生态环境保护体制机制改革,统筹兼顾、系统谋划,强化协调、整合力量,区域协作、条块结合,完善经济政策,增强科技支撑和能力保障,提升生态环境治理的系统性、整体性、协同性。

(4)坚持兵地合力。相互借鉴,兵地发挥各自优势,在执行最严格的水资源管理制度前提下,共同合作加强生态环境保护和污染治理。将生态建设与职工增收、产业结构调整相结合,努力提高农牧民职工群众生产生活水平。

6.1.3　目标要求

6.1.3.1　近期目标

到 2025 年,通过实施生态环境保护修复工程,兵团南疆重要生态系统功能得到提升,突出生态环境问题得到解决,水土流失与土地沙化趋势得到有效遏制,生态系统稳定性显著增强;水资源利用效率明显提高,生态保护建设与经济社会发展协调推进,基本形成节约资源和保护环境的空间格局、产业结构、生产方式、生活方式;构建系统完备的生态保护修复制度,环保机构、体制、队伍及标准化能力建设等全面健全,绿色发展和生态文明体制建设取得显著进展,形成产业-生态-扶贫深度融合的生态文明建设新模式,建成经济社会发展和生态环境保护协调统一、人与自然和谐共处的美丽兵团。

6.1.3.2 远期目标

到 2035 年,兵团南疆总体形成节约资源和保护生态环境的空间格局、产业结构、生产方式、生活方式,生态环境质量实现根本好转,基本实现生态环境治理体系和治理能力现代化,为美丽新疆目标的实现奠定坚实基础。

6.1.4 总体布局设计

按照兵团主体功能区区划,结合各功能区的功能定位,并综合考虑兵团南疆各师团生态保护与建设的实际需求,形成"两核、六区、多节点"的生态保护修复区域布局。"两核"是指以国家级重点生态功能区的塔里木河下游荒漠化防治生态功能区和叶尔羌河下游荒漠化防治生态功能区为两个生态保育核心区;"六区"是指阿克苏河流域、开都河流域、喀什噶尔河流域、叶尔羌河上游、和田流域、克里雅河流域的六个生态保护修复区;"多节点"是指"两核""六区"之外、零星分布的 10 个团场(表 6.1)。

6.1.4.1 "两核"

1. 塔里木河下游荒漠化防治生态功能保育区

(1)位置范围:包括第二师 31 团、33 团(含 32 团)、34 团(含 35 团)等 5 个团场的部分区域(主要为外围国家级公益林区),总面积为 2281.55 km²。

(2)主导生态功能:绿洲服务、防沙固沙。

(3)主要环境问题:沙漠化和盐碱化敏感程度高,胡杨等天然植被退化严重,生态环境极为脆弱。

(4)建设方向:以林草植被保护与建设为重点,大力营造防风固沙林,加大防护林标准化建设,保护恢复天然植被,生物措施和工程措施相结合固定流动和半流动沙丘,实行沙化土地封禁保护;加强兵地融合,统筹调配、科学利用流域和区域水资源,调整优化农牧业结构,保障生态用水;发展沙产业,促进职工多元增收。

2. 叶尔羌河下游荒漠化防治生态功能保育区

(1)位置范围:包括第三师图木舒克市(包括 44 团(含 52 团)、49 团、50 团、51 团、53 团)等 6 个团场,总面积为 4159.08 km²。

(2)主导生态功能:绿洲服务、水土保持、防沙固沙。

(3)主要环境问题:林草退化严重,森林质量低,土地沙化,塔克拉玛干沙漠边缘区域土地沙化相对严重,部分团场耕地直接与沙漠接壤,沙进田退趋势明显,土壤持水性差,受水力作用易发生土壤流失,土壤侵蚀敏感度和荒漠化敏感度高。

(4)建设方向:保持并提高生态产品供给能力,为人类生产生活提供环境承载服务;大力营造防风固沙林,建设结构稳定、保水固土能力强的防护林;积极推进防沙治沙,采取工程与生物措施相结合、人工治理与自然修复相结合的方式做好水土流失综合防治工作;在保护生态的前提下适度发展沙产业。

6.1.4.2 "六区"

1. 阿克苏河流域生态保护修复区

(1)位置范围:包括第一师 1 团、2 团、3 团、4 团、5 团、6 团、7 团、8 团及幸福农场等 9 个团场,总面积为 3255.42 km²。

(2)主导生态功能:绿洲服务、水土涵养、防沙固沙。

(3)主要环境问题:由于人口、经济、污染等方面带来的较大压力,第一师大部分区域的生态承载力已呈现超载现象,6 团甚至出现了严重超载的情况;水资源过度利用,生态系统退化明显,天然植被退化严重,绿洲生态环境受到威胁;人居生态基础设施建设滞后,绿地总量相对不足。

(4)建设方向:合理利用地表水和地下水,严格控制地下水开采;推进节水灌溉,完善防护体系,建设生态经济型防护林体系;加强绿洲外围荒漠植被的保护,维护绿洲生态系统稳定;禁止开垦草原,恢复天然植被,强化污染治理,保护塔里木河上游流域生态及其他生态敏感区。

2. 开都河流域生态保护修复区

(1)位置范围:包括第二师 21 团、22 团、23 团、24 团、26 团、27 团、28 团、29 团、30 团、223 团等 10 个团场,总面积为 3024.01 km²。

(2)主导生态功能:绿洲服务、水土涵养、水土保持。

(3)主要环境问题:水资源量减少和利用效率不高,水资源供需矛盾突出;人类过度生产生活活动造成植被稀少、草场退化,部分地段植被覆盖率较低,生态空间遭受挤占;部分区域沙漠化和土壤侵蚀现象严重,水土流失严重;部分耕地过量施用化肥,土壤板结,地力下降。

(4)建设方向:大力实施高效节水灌溉,逐步实施退地减水工程,推进水资源过度开发利用区域综合治理;完善农田防护林体系,加快宜林地造林绿化,改善和修复重要河湖和中小河流水生态,健全排水系统,减轻土壤盐碱化,保护好基本农田和荒漠植被。

3. 喀什噶尔河流域生态保护修复区

(1)位置范围:包括第三师托云牧场、红旗农场、东风农场、伽师总场、42 团等 5 个团场,总面积为 1487.61 km²。

(2)主导生态功能:绿洲服务、水土涵养、水土保持。

(3)主要环境问题:由于过度放牧等经济开发活动,草地生态防护体系遭到一定程度的破坏,土壤侵蚀问题突出,局部土地沙化,水源涵养功能减弱。

(4)建设方向:以涵养水源、保持水土为重点,加强重点水源建设,改善和修复喀什噶尔河流域和中小河流水生态,加强地下水保护和修复;农牧业有序开发,利用绿色能源,发展生态产业,改善农牧工生产生活条件;科学妥善处置"三废",防范环境风险,促进绿色发展。

4. 叶尔羌河上游生态保护修复区

(1)位置范围:包括第三师叶城二牧场、43 团、45 团、46 团、54 团等 5 个团场,总面积为 1812.58 km²。

(2)主导生态功能:绿洲服务、防沙固沙、水土保持。

（3）主要环境问题：过度开垦等导致土地沙化，水土流失严重，土壤侵蚀敏感性高，草地生态系统遭到一定破坏，人类生产生活不合理排放造成区域局部小流域水环境质量相对较差，存在农业面源污染。

（4）建设方向：严格保护生态用地，实施保护性耕作，加强农田、河湖、水系林网为主体的生态防护网建设；大力推进高标准农田建设，按照"一控两减三基本"的要求，坚持以水定地，全面推进节水灌溉，实施农田污染综合防治和修复；加强城区生态园林建设，提升城市绿地品质和生态功能。

5. 和田流域生态保护修复区

（1）位置范围：包括第十四师 47 团、224 团和皮山农场 3 个团场，总面积为 884.97 km²。

（2）主导生态功能：绿洲服务、防沙固沙。

（3）主要环境问题：干旱缺水，高新节水灌溉技术仍有发展潜力，第十四师除新建团场 224 团现有灌区全面实施高效节水灌溉外，皮山农场、47 团现有高效节水灌溉面积仅占灌溉面积的 20% 左右，农业节水有很大潜力；生态环境脆弱，水土保持生态建设亟待加强，风蚀与耕地沙化现象严重，荒漠化敏感，土壤盐碱化有扩大趋势，植被脆弱，224 团存在水土流失风险。

（4）建设方向：继续推进高效农业节水建设，提高农业用水效率；继续推进防风治沙，实施退耕还林，建设人工栽植，加强荒漠植被保护，提高林草覆盖率，加强退化林分改造，大力营造防风固沙林；推进 224 团水土保持生态治理；推进盐碱地改良，加强盐碱化防治。做好湿地生态系统保护。

6. 克里雅河流域生态保护修复区

（1）位置范围：包括第十四师一牧场，总面积为 851.13 km²。

（2）主导生态功能：水土保持。

（3）主要环境问题：由于受气候变化、人类活动及过度放牧和草原鼠害等诸多因素影响，山区草原退化、沙化、荒漠化极为严重。

（4）建设方向：强化生态修复工程建设，推进草原禁牧休牧、划区轮牧和减牧增草,实施草原封禁、退牧还草等措施,严格实行以草定畜,科学治理土地盐碱化、荒漠化和水土流失;加强草场鼠害防治。做好湿地生态系统保护。

6.1.4.3 "多节点"

1. 第一师防沙固沙功能区(部分绿洲服务功能区)

(1)位置范围:包括第一师 10 团、11 团、13 团和 14 团等 4 个团,总面积为 2249.86 km²。

(2)主导生态功能:防沙固沙、绿洲服务。

(3)主要生态环境问题:水土流失严重,林草退化、土地沙化和盐碱化治理有待进一步推进,风力侵蚀严重,农业面源污染尚未得到解决,水资源短缺。

(4)建设方向:按照重点生态功能区保护规划的要求,科学有序地推进植被保护、防风固沙林、退耕还林还草等生态建设,积极恢复和改善自然生态环境,确保水土保持、防风固沙等生态功能稳定发挥。加强绿洲外围生态屏障建设,治理绿洲内部沙害,改良沙荒地和盐碱地,完善绿洲农田林网。推进农业节水建设,大力推广生态循环农业。合理围垦放牧,推动湿地生态系统保护。

2. 第一师绿洲服务功能区

(1)位置范围:包括第一师 12 团、16 团、阿拉尔农场等 3 个团场,总面积为 1004.94 km²。

(2)主导生态功能:绿洲服务。

(3)主要环境问题:耕地灌溉用水与资源性缺水、工程性缺水和管理性缺水矛盾突出,面临着比较严峻的水资源形势。团场薄膜、农药、化肥的使用,使得农业面源生态污染问题进一步加剧。

(4)建设方向:落实最严格水资源管理制度。大力推进农业高效节水,继续推动 12 团塔南灌区农业节水重点示范区建设;加强农田生态屏障建设,治理绿洲内部沙害,改良沙荒地和盐碱地,完善绿洲农田林网,加强河岸防护和水源地保持,注重生产建设活动的水土保持监督管理,构筑完整的水土流失综合防治体系。加强农业面源污染治理。合理围垦放牧,推动湿地生态系统保护。

3. 第二师防沙固沙功能区

(1)位置范围:包括第二师 36 团、37 团、38 团等 3 个团场,总面积为 1617.98 km²。

(2)主导生态功能:防沙固沙。

(3)主要环境问题:风沙侵袭严重,林草退化、土地沙化和盐碱化治理有待进一步推进,水资源短缺。

(4)建设方向:以林草植被保护与建设为重点,大力营造防风固沙林,加大防护林标准化建设,保护恢复天然植被;加快水资源配置及城乡供水工程建设,推进以灌区节水改造和高效节水灌溉为重点的农田水利建设。

表 6.1 兵团南疆山水林田湖草生态保护修复分区方案

名称/序号	具体范围(团场边界)	生态功能	面积(km²)
两核			
塔里木河下游荒漠化防治生态功能保育区	第二师 31 团、33 团(含 32 团)、34 团(含 35 团)等 5 个团场的部分区域(主要为外围国家级公益林区)	绿洲服务功能区(部分防沙固沙功能区)	2281.55
叶尔羌河下游荒漠化防治生态功能保育区	第三师图木舒克市(包括 44 团(含 52 团)、49 团、50 团、51 团、53 团)等 6 个团场	绿洲服务功能区(部分水土保持功能区,部分防沙固沙功能区)	4159.08
六区			
阿克苏河流域生态保护修复区	第一师 1 团	绿洲服务功能区	384.35
	第一师 2 团	绿洲服务功能区	406.93
	第一师 3 团	绿洲服务功能区	496.49
	第一师 4 团	绿洲服务功能区(小部分水土涵养功能区)	413.76

续表

名称/序号	具体范围（团场边界）	生态功能	面积（km²）
阿克苏河流域 生态保护修复区	第一师 5 团	绿洲服务功能区 （小部分水土涵养功能区）	796.20
	第一师 6 团	绿洲服务功能区	142.06
	第一师 7 团	绿洲服务功能区	228.80
	第一师 8 团	绿洲服务功能区	209.89
	第一师幸福农场	防沙固沙功能区	176.94
开都河流域生态 保护修复区	第二师 21 团	绿洲服务功能区 （部分水土涵养功能区）	283.32
	第二师 22 团	绿洲服务功能区 （部分水土涵养功能区）	501.25
	第二师 23 团	绿洲服务功能区 （部分水土涵养功能区）	122.10
	第二师 24 团	绿洲服务功能区 （部分水土保持功能区）	161.60
	第二师 26 团	绿洲服务功能区	51.61
	第二师 27 团	绿洲服务功能区 （部分水土涵养功能区）	278.45
	第二师 28 团	绿洲服务功能区 （部分水土保持功能区）	166.44
	第二师 29 团	绿洲服务功能区	539.76
	第二师 30 团	绿洲服务功能区	277.23
	第二师 223 团	水土保持功能区 （部分水土涵养功能区）	642.25
喀什噶尔河流域 生态保护修复区	第三师托云牧场	水土涵养功能区	505.18
	第三师红旗农场	水土保持功能区	238.89
	第三师伽师总场	绿洲服务功能区	513.50
	第三师东风农场	绿洲服务功能区	80.85
	第三师 42 团	绿洲服务功能区	149.19

续表

名称/序号	具体范围(团场边界)	生态功能	面积(km²)
叶尔羌河上游生态保护修复区	第三师叶城二牧场	水土保持功能区	641.12
	第三师43团	绿洲服务功能区(部分防沙固沙功能区)	414.32
	第三师45团	绿洲服务功能区(部分防沙固沙功能区)	474.67
	第三师46团	绿洲服务功能区(部分防沙固沙功能区)	270.97
	第三师54团	绿洲服务功能区(部分防沙固沙功能区)	11.50
和田流域生态保护修复区	第十四师224团	绿洲服务功能区(部分防沙固沙功能区)	278.13
	第十四师皮山农场	绿洲服务功能区(部分防沙固沙功能区)	451.51
	第十四师47团	绿洲服务功能区(部分防沙固沙功能区)	155.33
克里雅河流域生态保护修复区	第十四师一牧场	水土保持功能区	851.13
多节点			
1	第二师36团	防沙固沙功能区	669.09
2	第二师37团	防沙固沙功能区	761.74
3	第二师38团	防沙固沙功能区	187.15
4	第一师10团	防沙固沙功能区(部分绿洲服务功能区)	983.55
5	第一师11团	防沙固沙功能区(部分绿洲服务功能区)	432.24
6	第一师12团	绿洲服务功能区	495.41
7	第一师13团	绿洲服务功能区(部分防沙固沙功能区)	356.77

名称/序号	具体范围(团场边界)	生态功能	面积(km²)
8	第一师 14 团	防沙固沙功能区 (部分绿洲服务功能区)	477.30
9	第一师 16 团	绿洲服务功能区	352.85
10	第一师阿拉尔农场	绿洲服务功能区	156.68

6.1.5　实施路径

按照"一条主线、两大核心、五种模式、六项任务"的实施路径,分类、分片、分期推进,逐步推动兵团南疆生态系统格局优化、系统稳定、功能提升。

6.1.5.1　坚持 1 条主线

坚持把贯彻落实"山水林田湖草是一个生命共同体"系统思想作为 1 条主线,贯穿生态保护修复工作全过程,牢固树立人与自然和谐共生的科学自然观,绿水青山就是金山银山、冰天雪地也是金山银山的重要发展理念,坚持尊重自然、顺应自然、保护自然,遵循生态系统的整体性、系统性及其内在规律,进行整体保护、系统修复、区域统筹、综合治理。

6.1.5.2　保护 2 大核心

按照保护优先、自然恢复为主、人工修复为辅的理念,以塔里木河下游和叶尔羌河下游 2 大重点荒漠化防治生态功能区为核心,实施阿克苏河流域、开都河流域、喀什噶尔河流域、叶尔羌河上游、和田流域、克里雅河流域 6 个区的生态保护修复工程,逐步提升兵团南疆生态系统服务功能,构筑绿洲生态安全屏障。

6.1.5.3　推广 5 种模式

结合兵团南疆外防沙漠化、内保绿洲生态系统的实际需求,在系统梳理和科学评估生态保护修复技术的基础上,重点推广荒漠土地沙化治理、绿洲盐碱化治理、绿洲农业节水、重要生态系统保育、绿色发展 5 种技术模式。

6.1.5.4　推进 6 项任务

(1)开展水土流失综合治理。构建有效的水土流失预防保护体系,全面实施预防保护,重点加强江河源头区、重要水源地和水蚀风蚀交错区水土流失预防,充分发挥自然修复作用;以小流域为单元开展综合治理,加强重点区域、坡耕地和侵蚀沟水土流失治理。强化水土保持监督管理,完善水土保持监测体系。

(2)加强土地沙化盐碱化防治。按照兵地防沙治沙“一盘棋”的定位,加大荒漠化治理和防沙治沙建设,加快建设绿洲基干防护林、农田防护林体系、垦区绿色生态带、边境林体系,形成稳定高效的沙区绿洲生态安全屏障。研发和推广盐碱地治理技术,采取综合措施,开展盐碱化防治,科学开展盐碱地治理。

(3)实施水资源节水行动。实施水资源消耗总量和强度双控制度,促进水资源高效节约利用,提高水资源利用效率和效益,大力实施兵团南疆师市高效节水工程与退地减水工程。

(4)保护和培育重要生态系统。保护修复森林、草原、湿地与河湖生态系统,加强生态系统管理,优化生态安全屏障体系,构建生物多样性保护网络,提升生态系统质量和稳定性。

(5)发展特色生态产业。建设兵团南疆特色旅游产品体系,推动现代循环型农牧业发展,注重生态优势与脱贫攻坚、旅游发展的深度融合,推动工业企业绿色化转型,打造兵团南疆绿色发展模式。

(6)改革创新生态保护修复体制机制。建立资金筹措长效机制,探索构建自然保护地体系,并落实各方责任,打通部门之间、区域之间的体制机制壁垒,对兵团南疆山水林田湖草要素进行统筹规划和系统治理。

6.2　战略任务

6.2.1　开展水土流失综合治理

6.2.1.1　构建有效的水土流失预防保护体系

坚持"预防为主、保护优先",以国家级(表6.2)、兵团级(表6.3)水土流失重点预防区为重点区域,合理调整土地利用结构,采取植树种草、封育保护、轮牧禁牧等措施,扩大林草覆盖度,涵养水源,从源头上有效控制水土流失。充分发挥自然生态修复作用,多措并举,形成综合预防保护体系,预防和减轻水土流失。加强监督、严格执法,全面监控和治理生产建设活动和项目造成的水土流失。禁止非法开垦、开发等活动,严格保护植被、沙壳、结皮等具有水土保持功能的原生地貌,防止水土流失。

表 6.2　国家级水土流失重点预防区

预防区名称	涉及农牧团场	涉及县(市)	团场数量	区域面积 (km²)	到 2030 年重点 预防面积(km²)
塔里木河国家级 水土流失重点 预防区	第一师:4 团、5 团、塔水处	阿拉尔市	3	1778	56
	第三师:叶城牧场	叶城县	1	629	60
	第十四师:一牧场	策勒县	1	845	85

表 6.3　兵团级水土流失重点预防区

预防区名称	涉及农牧团场	区域面积(km²)	到 2030 年重点预防面积(km²)
开都河源区兵团级水 土流失重点预防区	第二师:21 团、22 团、24 团、27 团、223 团	1866	425

6.2.1.2　以小流域为单元开展综合治理

以"综合治理、因地制宜"为原则,坚持以小流域综合治理为主,遵循生态系统的内在机理和规律,合理优化配置工程、植物和耕作等措施,构建有效的水土流失综合治理体系,维护和增强区域水土保持功能。坚持开发利用水资源、发展生产相结合,注重生态、经济、社会效益。加大水土保持重点工程力度,工程治理措施和生态治理措施相结合,做好以生态修复为重点的天然植被保护与恢复、防风固沙等水土保持措施为主的生态环境综合治理。对塔里木河流域兵团级水土流失重点治理区实施综合治理。团场集中分布的垦区开展河道综合整治。

专栏 6-1　防治水土流失重点工程

水土保持重点工程建设

推进兵团南疆团场水土保持治理,续建团场的小流域治理工程,有效遏制水土流失。

继续实施塔里木河等重点流域综合治理

加快完成塔里木河流域近期综合治理建设任务,积极参与开展塔里木河流域综合治理二期工程前期工作。

重点垦区河道综合整治

在团场集中分布的垦区开展河道综合整治工作,重点是河道疏浚、岸坡整治,着力恢复河道功能、改善水环境。

6.2.1.3　加强水土保持监督管理

以贯彻实施《水土保持法》为重点,针对兵团级重点预防区和重点治理区,加强水土保持监督管理、动态监测和能力建设,有效控制人为水土流失。建立健全水土保持监测网络体系,开展水土流失动态监测和预报,发挥监测工作在提高水土流失防治水平和效益中的作用。加强预防监管,严格执行水土保持方案审批制度,强化监督管理,落实水土保持设施与主体工程同时设计、同时施工、同时投产使用的"三同时"制度。在完善监管制度和落实各级水土保持机构监管任务的基础上,开展水土保持监督、执法人员定期培训与考核,提升监管能力标准化水平。

6.2.2　加强土地沙化盐碱化防治

6.2.2.1　推进防沙治沙工作

加强荒漠生态系统保护。以第一师 11 团、3 团等沙漠边缘地区为重点，加快完善并巩固以林草植被为主体的荒漠化区域生态安全体系，加快风沙源区和沙尘路径区治理步伐；通过保护性耕作、水土保持、配套水源工程建设等措施，减少起沙扬尘；通过加大封沙育林和人工补植补造，禁止滥樵、滥采、滥牧，促进荒漠植被自然恢复，修复和增强区域生态功能；重点加强国家级沙化土地封禁保护区建设，采取围栏、机械沙障、生态移民和流域治理等综合措施，推进塔里木盆地周边沙化区防沙治沙进程，促进沙区生态系统趋向正向演替；在保护生态的前提下适度发展沙产业。

实施重大防沙治沙工程。加大塔里木盆地周边防沙治沙工程和三北防护林体系建设工程力度，继续实施天然林资源保护、重点防护林、退耕还林还草、退牧还草、草原生态保护及修复治理工程建设；健全完善天然胡杨林、重点公益林保护制度，以及人工工程性固沙研究推广；定期组织开展生态保护修复工程实施成效自评估，健全完善监测体系，定期组织搞好沙化土地监测工作，减缓土地"沙化、退化、盐碱化"趋势。

专栏 6-2　荒漠生态保护修复重点工程
沙化土地治理 　　加大封沙育林育草和人工造林力度，加快阿尔金草原荒漠化防治生态功能区、塔里木河荒漠化防治生态功能区的防沙治沙，控制重点垦区和团场土地沙化趋势，抵御沙漠吞噬团场绿洲。
国家级沙化土地封禁保护区建设 　　采取围栏、机械沙障、生态移民等建设措施，减少人为破坏，促进沙区内植被的自然恢复，减轻沙尘暴灾害。
沙化土地监测网络体系建设 　　启动兵团南疆沙化土地监测网络体系建设，建立沙尘暴预警和灾害评估系统、沙化预警机制，实时动态监测，为科学制定防沙治沙政策措施和评估治理效果提供可靠依据。

沙产业发展

重点建设具有沙区特色的沙生特色经济作物基地、药材基地、花卉基地等,在兵团南疆四个师市分别建设一处沙产业示范园。

6.2.2.2　开展盐碱地治理

积极试验、示范推广暗管排盐等技术,加强盐碱地治理综合配套技术推广力度,采取水利、农业、生物和化学改良措施等综合措施,遵循因地制宜、综合治理原则,科学有序开展盐碱地治理,兼顾灌区周边生态。在沙化荒漠化区,集成耐盐品种、生态建设技术、盐碱水动物养殖技术、产业开发技术等,鼓励灌区微咸水、碱水的利用。在水资源利用量接近或超出用水总量控制目标的地区,不得进行种稻洗盐等治理,不宜治理的盐碱地坚决退出。

6.6.2.3　持续推进农业面源污染治理

采取改良土壤、培肥地力、保水保肥、建基础设施、控污修复等综合措施,稳步提高耕地地力。强化化肥、农药等投入品使用管理,大力推广有机肥替代化肥、测土配方施肥,改进施肥方式,提高机械施肥比例,分区域、分作物集成推广化肥减量增效技术。强化废弃农膜和农药包装回收处理,依照《新疆维吾尔自治区农田地膜管理条例》,严格执行产品准入标准;制定符合区域特色的地膜机械化捡拾工作方案,组建地膜回收专业化服务组织,提高农田当季地膜回收率;根据农田残膜污染程度,开展土壤耕层残膜污染分级治理。在各团场设立农药包装废弃物有偿分类回收站,持续推动农药包装废弃物定期调查制度。

6.2.3　实施水资源节水行动

6.2.3.1　实施水资源消耗总量和强度双控制度

基于水资源承载力,以超载最为严重的第一师为重点管控区域,实施最严格的水资源管理制度,逐步建立师、团、连三级取用水总量控制指标体系,将"三条红线"控制指标落实到基层,加强对区域内年度用水实行总量控制的考核和检查力度。统筹配置和有序利用水资源,加强重点水源及水资源配置工程建设,提升供水保障能力,初步形成水资源合理配置的格局。大力推进农业、工业、城镇节水,建设节水型社会,编制实施节水规划。加快地下水超采区综合治理,实行地下水取用水总量和水位控制,编制实施地下水利用与保护规划。合理有序使用地表水、控制使用地下水、积极利用非常规水,逐步降低过度开发河流和地区的水资源开发利用强度,退减被挤占的生态用水。加快民生水利工程建设,实施饮水安全提质增效工程,基本解决农村饮水和城镇供水安全。

专栏 6-3　水资源开发利用保护重点工程

高效节水应用

　　加快兵团第三师叶尔羌河中游渠首前海总干渠配套工程建设,新建一批现代化节水灌溉示范项目,全面推进高效节水灌溉,实施退地减水工程,逐步退还生态用水。

农村饮水安全

　　加快民生水利工程建设,改扩建城市水厂、跨团水厂和小城镇水厂供水基础设施,推进农村饮水安全提质增效。

灌区现代化建设

　　全面开展兵团南疆师市现代化灌区建设,加快贫困地区"旱改水"建设。

节水设施农业发展

　　充分利用沙漠光热资源和土地资源,开展经济、实用、便于管理的塑料大棚建设,以及集中育苗与节水灌溉等配套设施建设。

6.2.3.2　提高水资源利用效率和效益

坚决落实以水定产要求,全面开展产业园区和重大产业布局规划水资源论证,把水资源和水环境承载力作为产业梯度转移、布局优化调整的先决条件。建立水资源承载力监测预警机制,对取用水总量已达到或超过控制指标的地区,暂停审批建设项目新增取水;对取用水总量接近控制指标的地区,限制审批建设项目新增取水。严禁"三高"项目进入。严格用水总量控制,优化农业生产结构,发展节水农业,进一步降低灌溉定额,将农业节约的水量进行合理调配,主要用于工业、城镇和生态用水,到 2030 年农业用水占比降到85%以下。

6.2.3.3 开展兵团南疆高效节水工程

强化科技支撑,推广高新节水技术应用,优化用水结构,严格控制农业用水总量,发展高效节水农业,全面推进高效节水灌溉。强化用水需求管理,以水定需、量水而行,突出抓好农业高效节水,高标准农田建设、大中型灌区配套建设,提高水分生产率。针对兵团南疆灌区水资源矛盾突出区域,有效压减灌溉面积,保障生态用水,推进水资源过度开发利用区域综合治理,大力实施高效节水灌溉建设提质增效,全面实行水资源消耗总量和强度双控行动。结合城市景观、区域生态保护修复等用水需求,加大城镇污水处理设施尾水回用设施建设,节约利用水资源。

6.2.3.4 大力实施退地减水工程

逐步实施退地减水工程,严格保护永久基本农田,采取"自上而下、自下而上、上下结合、协调平衡"的技术路线,因地制宜、分类施策,对无合法手续和无地表水源条件的耕地一律退减,对不具备治理修复条件的土壤污染的地块实施退减,对输水距离远、水源无保障、耗水量大、土壤盐碱重的耕地大幅压减,探索实行耕地轮作休耕制度试点,同时,与农业高效节水和农业用水向工业用水转换紧密结合起来,对退地减水区域实施封禁,恢复自然植被;在有条件的区域,实施人工辅助方式种植抗旱耐碱树种,实现治沙、减水与致富双赢。2021—2030 年,兵团南疆总退减灌溉面积 60.8 万亩,其中第一师退减灌溉面积 46 万亩,第三师退减灌溉面积 14.8 万亩。

6.2.4　保护和培育重要生态系统

6.2.4.1　森林生态系统

加强森林保护,加强第三师叶城二牧场等团场辖区内位于山区的国家级公益林的管护,加强森林防火和林业有害生物防治体系建设;依托"三北"防护林、退耕还林等重点林业工程,加强绿洲外围荒漠林保护、农田防护林和防风固沙基干林建设,构建以乡土植物为主的乔灌草结合、多层次梯度配置的生态保护屏障,完善天然林保护制度,实施森林质量精准提升工程,加强退化林网修复重建,加大公益林管护力度,大力发展特色经济林,积极培育后备森林资源;强化森林经营,加强未成林造林地抚育管护和中幼龄林抚育,建立林地质量评价定级制度,科学利用林地,确保兵团南疆林地资源动态平衡、适度增长;以发挥森林生态功能为前提,依托林下土地资源和林荫优势,积极推进林下经济,加快推进退耕还林后续产业发展,加大森林旅游业发展,提升林业综合效益。

专栏 6-4　森林生态保护修复重点工程

天然林资源保护

　　对天然林资源保护工程区内山区森林和林地进行全面管护,加强林政管理和森林管护,继续全面禁止商品性采伐,积极开展中幼林抚育和公益林建设。

国家级公益林管护

　　加强国家级公益林管护机构建设,创新管护机制,有效管护国家级公益林。实施低效林分补植补造,有效提高林分质量,提高生态防护效能。加快建立国家公益林动态监测体系、地籍管理体系和管理成效核查考评体系。

重点区域退化林地生态治理

　　以植被恢复和生态修复为重点,加强山区森林覆盖率和林地生产力低、沙化耕地面积比例大的重点区域生态治理。

"三北"防护林体系建设
加强"三北"防护林重点区域建设；加强绿洲外围防风固沙林带建设；实施防护林整团推进工程，加快建设高标准农田防护林，提升防护林体系综合防护效能。

退耕还林工程
对兵团南疆生态脆弱区域尤其是位于风沙前沿的沙化耕地，在与耕地保护、农业发展协调的基础上，结合农业产业结构的调整，继续实施退耕还林工程，推进后续产业发展。

林下经济发展
以肉苁蓉、沙棘、文冠果、四翅滨藜等产业为重点，在有条件的团场建立林下经济示范生产基地，培育一批林下种植、养殖示范连、示范户，成立林下经济专业合作社和协会，促进职工多元增收。

6.2.4.2　草原生态系统

　　坚持基本草原保护制度，推进草原禁牧休牧、划区轮牧和减牧增草，控制草原病虫鼠害，遏制天然草场退化势头，促进草畜平衡和草原休养生息；实施退牧还草、兴修牧区水利、兴建牧民居住点等生态建设工程，重点加强兵团南疆垦区草原保护、退化草地治理；加强草原围栏、舍饲棚圈和标准化养殖场建设，兴建人工草地，减轻天然草场承载压力，推进草原确权承包工作，切实保障自然资源所有者权益，加快牧区草原畜牧业转变发展方式，促进传统的游牧向现代畜牧业转变，增加畜产品有效供给和农牧民收入。

专栏6-5　草原生态保护修复重点工程
退牧还草
通过合理布局草原围栏和退化草原补播改良，配套实施人工饲草地和舍饲棚圈建设，加快推行禁牧、休牧、划区轮牧，恢复天然草原生态和生物多样性。
沙化草原治理
采取围栏封育、休牧舍饲、草产业基地和小型牧区水利配套设施建设等措施，治理沙化草原。

续表

草原防灾减灾
加强草原防火和病虫鼠害防治;在易灾牧区、半牧区,加强饲草储备和生产能力建设,提高抵御寒潮冰雪灾害能力。
重点地区草地保护建设
加强围栏封育、封禁育草、轮牧休牧、补播改良、建设人工饲草地和棚圈,保护生物多样性。

6.2.4.3　湿地与河湖生态系统

坚持"确有需要、生态安全、可以持续"原则,以调节水资源时空分布为核心,从全局角度谋划布局水资源配置体系、水生态治理体系,建设一批基础性、枢纽性、战略性重大项目,构建现代化兵团南疆水网,全面提升水资源供给和水生态保护能力。建立健全湿地、河湖库保护管理体系,强化湿地与河湖库保护与管理能力建设;通过加强围垦湿地退还、河岸带水生态保护与修复、湿地植被恢复、栖息地修复、有害生物防控、人工湿地减污等措施,开展湿地综合治理,强化湿地用途管控,坚决遏制各种破坏湿地生态的行为;新建一批湿地自然保护区、湿地公园和湿地植物保护小区,不断拓展和保护野生动植物繁殖、栖息区域,保护生物多样性。全面加强对江河湖泊、水资源等的监管,坚持以水定需、量水而行,合理确定河湖生态水量和重要控制断面生态流量,严控区域、行业用水总量和强度,严格水资源供用耗排等各环节监管,强化取水许可管理和水资源论证,落实最严格水资源管理制度,做到全面节水、合理分水、管住用水,真正发挥水资源的刚性约束作用,改善河湖生态环境。

强化河湖长制,严格河湖水域及岸线管理,依法划定河湖管理保护范围,严格水域岸线分区管理和用途管制,合理划分保护区、保留区、控制利用区和可开发利用区,实现岸线资源节约集约利用。持续推进河湖"清四乱",严格规范采砂等涉水活动,坚决整治侵占、破坏河湖行为,实行涉河湖行为全过程监管。

6.2.5　发展特色生态产业

6.2.5.1　推进产业生态化转型

推进传统农业向绿色现代农业转型,优化优势农业,大力实施种养业循环一体化工程,减少资源的投入量、废弃物排放量,使农业资源得到合理利用。发展特色和优势农业,培育和打造具有兵团南疆优势特色的农产品知名品牌;构建优质粮食基地、优质棉花基地、特色林果基地、特色经济作物基地、肉产品基地、奶业基地、设施农业基地、油料(木本油料)产业基地等产业基地,形成以"城镇农副产品深加工工业园区"为主导,以团场"连队农副产品初加工区"为辅助的农产品加工产业体系,区域农业竞争力显著增强。加快农业供给侧结构性改革,促进农业可持续发展。巩固扩大兵团高效节水灌溉面积,放大农业节水灌溉示范基地效应,加快建设兵团水土保持示范区和高效节水农业示范区,全面发展节水农业。充分利用南疆光热资源,发展设施农业,开展设施育苗,种植反季节蔬菜、食用菌,不断改善少数民族群众的膳食结构。借助治荒治沙、易地搬迁、生态保护项目,发展现代高效设施农业,戈壁沙漠变绿洲,实现经济、社会、生态多重效益。

推动工业企业绿色化转型。强化工业清洁生产,严格实施清洁生产审核办法、清洁生产审核评估与验收指南,进一步规范清洁生产审核行为,保障清洁生产审核质量。开展重点行业企业清洁生产审核,针对节能减排薄弱环节,实施清洁生产先进技术改造。加快推进绿色节能低碳技术,促进传统产业升级改造。完善基于能耗、污染物排放水平的差别化电价政策,制定支持重点行业清洁生产装备研发、制造的鼓励政策。建立工业生态园区,根据特色资源建立不同生态工业园区。发展重工业的地区,构建以煤炭、石化等行业为核心的生态工业园区,园区内主要发展绿色化学工业,通过积极研发新产品,提供可以更新使用的原材料,提高效率并减少生产流程中的毒性,生态工业园区内的企业之间在副产品相互转化及其他领域进行合作,从而使园区污染物减少到最少,同时获取最大的利益;而对于高新技术发展较快的地区,则建设生态化高科技示范区,通过建立整个产业生态链,连接各产业和园区,加大企业产品的互换利用和资源交流,形成环环相扣的网络体系,降低高新技术在生产和消费过程中存在的污染。在兵团南疆,因地制宜、有策略地建立类别不同的生态工业园区,从而形成兵团南疆产业共生网络,在产业系统内进行资源和物质的循环,实现所有资源的最优化利用。大力发展循环经济,健全相关支持政策,推动现有产业园区循环化改造和新建园区循环化建设,创建一批循环经济示范试点单位和国家循环经济示范产业园。加快发展环保产业,建立绿色低碳循环发展产业体系。建立健全高耗水行业节水增效政策机制。深化循环经济试点示范,推进工业园区循环化改造,加强资源综合利用和循环利用。建设一系列的产业循环链,形成循环经济的主导产业群体。

依托生态旅游,大力发展第三产业。以兵团南疆生态承载力限度为依据,制定可持续发展的生态旅游规划,构建生态型旅游产业;充分发挥兵团南疆优势,开发具有当地特色的丝绸之路文化旅游、猎奇探险特色旅游、生态观光旅游、冰雪风情游等生态旅游产品;培养高素质生态旅游管理者和服务者,具备对当地旅游资源进行科学规划的组织能力、旅游服务和导游方面的行业知识、具备生态保护方面专业知识;通过宣传教育引导与法律强制手段相结合的方式,塑造生态旅游者。

6.2.5.2　加快生态产业化建设

防沙治沙模式促进生态产业化建设。在开展高抗逆性生态建设植物种引种筛选方面工作的基础上,建设特色的植物园,带动当地生态及经济的发展。防沙治沙过程中,人工种植具有经济价值的植物种,如怪柳、梭梭、枸杞、沙棘、沙枣、麻黄等,使生态建设产生一定的经济收益,突破生态建设经济产出低的困局。

推动生态旅游发展。依托"壮美边疆·神奇兵团"的新疆兵团中国屯垦旅游形象定位,结合团场小型生态园示范、特色小镇建设、美丽连队建设、天鹅湖、睡胡杨、牧区森林公园、沙漠等旅游资源,挖掘城市郊区、特色乡村和牧区的人文、自然环境优势和农户院落土地资源经济潜能,开发新产品新业态,大力发展工业旅游、研学旅游、农业休闲旅游、民俗旅游、乡村旅游、重点民俗体验、草原风情旅游、文化休闲旅游等,构建以观光旅游为基础,休闲度假为主导,专项旅游为特色的集观赏、民俗、体验、购物、休闲等为一体的生态旅游发展模式,产品开发重点突出二次消费,带动客栈、传统手工作坊、特色旅游产品展销店、特色餐饮店等产业的发展,促进旅游消费转型升级,显著提高人均收入,强化推出面向国内、国外两个市场的精品旅游线路,打造多个特色旅游品牌,提升兵团旅游核心竞争力。

6.2.6 改革创新生态保护修复体制机制

6.2.6.1 完善生态环境监管体系

深化生态环境保护管理体制改革。贯彻落实党中央关于深化党和国家党政机构改革的决策部署和兵团党委工作要求,扎实推进生态环境保护领域的机构改革,强化生态保护修复和污染防治统一监管,建立健全生态环境保护领导和管理体制、激励约束并举的制度体系、政府企业公众共治体系。统筹做好兵团生态环境机构监测监察执法垂直管理制度改革。完善团场连队环境治理体制。

加快生态环境监测网络建设。贯彻落实《新疆生产建设兵团生态环境监测网络建设方案》《兵团深化环境监测改革提高环境监测数据质量实施方案》,从完善环境质量监测网络、建设天地一体、上下协同、信息共享的生态监测系统、建设测管协同的污染源监测管理体系等方面入手,建立生态环境监测网络与环境监测数据质量保障责任体系,提升环境监测数据质量;构建生态环境监测大数据平台,建立生态环境监测数据集成共享机制;开展生态环境状况评估,准确及时发布生态环境质量信息,加强监测数据的集成分析和综合应用,增强生态环境预报预警和风险防控能力,建立生态环境监测与环境监管联动机制,及时发现变化、预警风险,推动问题早发现、早处置、早整改,同时针对揭示出的问题,深挖问题根源,有针对性地采取措施,促进标本兼治。

加快建立生态环境损害赔偿制度。推动实施《新疆生产建设兵团生态环境损害赔偿制度改革实施方案》,启动生态环境损害赔偿制度改革试行工作,开展案例实践,积累有益经验,探索建立完善生态环境损害赔偿制度体系,构建责任明确、途径畅通、技术规范、保障有力、赔偿到位、修复有效的生态环境损害赔偿制度。

加快推动生态文明创建。开展生态文明示范市(县)创建,积极推进"绿水青山就是金山银山"实践创新基地建设,发挥生态文明创建工作的平台载体和典型引领作用。

6.2.6.2　建立资金筹措长效机制

加大财政投入力度。坚持投入与生态保护修复任务相匹配,兵团南疆各级财政持续加大财政投入力度。积极争取中央财政安排的环保专项资金、草原生态保护补助奖励资金、天然林保护补助资金等,资金投入向山水林田湖草生态修复领域倾斜,逐步建立常态化、稳定的财政资金投入机制。国有资本要持续加大对生态环保修复的投入。

健全生态补偿机制。积极争取中央对地方重点生态功能区转移支付,持续增加转移支付范围和规模,严格资金使用情况的绩效考核。探索建立市场化和多元化生态补偿机制,扎实推进重点领域生态保护补偿试点,力争实现重点生态功能区、禁止开发区生态保护补偿全覆盖。

推进社会化生态环境治理和保护。采用直接投资、投资补助、运营补贴等方式,规范支持政府和社会资本合作项目;对政府实施的环境绩效合同服务项目,公共财政支付水平同治理绩效挂钩。鼓励通过政府购买服务方式实施生态环境治理和保护。

6.2.6.3 探索建立健全自然保护地体系

探索构建以国家公园为主体的自然保护地体系。贯彻落实建立国家公园体制总体方案及自治区实施意见,在各类自然保护地勘界立标、资源摸底、资源评价、资源确权登记、科学合理划分面积等方面,开展扎实有效的基础工作,完善划定标准,明确自然保护地功能定位,科学划定自然保护地类型,确立国家公园主体地位,整合优化现有各类自然保护地,合理调整自然保护地范围。要健全管理体制,完善自然保护地设立、晋(降)级、调整和退出规则,实施分级管理和差别化管控,强化监测、评估、监督、考核,压实管理责任。要创新建设机制,加强自然保护地建设,分区分类开展受损自然生态系统修复。发挥政府主体作用,探索全民共享机制。完善自然保护地立法,定期开展监督检查行动,严肃查处违法违规行为。

专栏 6-6　兵团南疆自然保护区分布			
序号	类型	规模	拟建名称及分布
1	湿地自然保护区	2 处	第一师塔里木河上游三河汇流处湿地、 第二师塔里木河下游尉犁湿地
2	湿地植物保护小区	2 处	第一师新井子水库、第二师米兰河
3	湿地公园	2 处	第一师阿拉尔湿地公园、第三师图木舒克湿地公园
4	沙漠公园	4 处	第一师、第二师、第三师、第十四师各建 1 处

6.2.6.4 强化生态环境保护能力保障体系

增强科技支撑。开展生态环境保护与修复、节能减排、水资源保护,以及生态环境监测监管等重点领域科技攻关。对涉及经济社会发展的重大生态环境问题,开展前瞻性、基础性和对策性研究。着眼于提高监测监管等生态环境治理能力,提高科技支撑水平。

建立和完善风险防控、评估和应急响应体系。不断拓展和深入信息技术、云计算和大数据等在生态环境保护领域的应用,推动实现环境承载力监测预警制度。开展环境与健康调查,建立风险监测网络及风险评估体系。建立健全跨部门、跨区域环境应急协调联动机制,完善环境风险源、敏感目标、环境应急能力及环境应急预案等数据库,加强石化等重点行业以及师市和部门突发环境事件应急预案管理。建设兵团、师市两级环境应急物资储备库,企业环境应急装备和储备物资应纳入储备体系。

加强生态环境保护队伍建设。以党和国家机构改革、环保机构监测监察执法垂直管理制度改革为契机,加强生态环境保护队伍建设特别是基层队伍的能力建设,按兵团、师市、团场不同层级工作职责配备相应工作力量,确保同生态环境保护任务相匹配。规范和加强环保机构和队伍,建设规范化、标准化、专业化的生态环境保护人才队伍,打造一支政治强、本领高、作风硬、敢担当、特别能吃苦、特别能战斗、特别能奉献的生态环保铁军。

建立兵地融合交流机制。树立"兵地一盘棋"的思想,在生态环境保护工作中,相互信任、相互支持、相互交流,吸收地方生态环境保护好的经验做法,形成兵地各项工作齐头并进的良好局面。

6.2.6.5　构建生态环境保护修复社会行动体系

加大宣传教育力度,提高全民环境意识,把生态环境保护纳入国民教育体系和党政领导干部培训体系,推进生态环境教育设施和场所建设,培育普及生态文化。党政机关带头使用节能环保产品,推行绿色办公,创建节约型机关。

带动公众积极参与。对兵团南疆当地居民开展生态保护修复相关知识宣传和培训,鼓励当地居民积极参与。建立山水林田湖草生态保护修复工程项目信息公示制度,广泛听取公众对重大决策、规划和项目的意见。加强与新闻媒体的沟通,定期公开试点工程项目的前期筹备、项目管理、资金管理、工程建设等相关信息内容。

第7章　兵团南疆生态保护修复重大对策建议

　　针对兵团南疆部分区域生态问题突出、部分团场生态承载力超载、绿色发展不足等状况,提出了实施山水林田湖草沙冰一体化保护修复、推动形成节水型生产生活方式、提升可持续发展生态承载力、全面推动兵团南疆绿色转型的四项重大对策建议。

7.1　坚持保护优先,实施山水林田湖草沙冰一体化保护修复

　　牢固树立和践行"山水林田湖草生命共同体"的理念,坚持保护优先、自然恢复为主的方针,分区分类开展受损生态环境保护与修复,大力实施生态修复重大工程,推进主体功能区建设,提升自然保护区管理水平,加大城镇生态建设力度,提高生态保护修复能力和水平。

　　(1)保护和修复自然生态系统。按照"两核、六区、多节点"的总体布局,抓好农田防护林、国家级公益林和防风基干林建设为主体的绿洲生态安全屏障建设;推行草原森林休养生息,实施封育保护、生态移民、舍饲圈养,巩固和推进退耕还林、退牧还草等重大生态修复工程;加强重点区域水土流失和流域综合治理,推行河流湖泊休养生息,对生态过载的河湖实施治理与修复,退还河湖生态空间,建立健全河湖休养生息的长效机制;以第一师3团、11团等沙漠边缘地区为重点加大防沙治沙力度;退出低效耕地和耗水量大的沙耕地(漏水地);对兵团南疆绿洲外的生态严重退化地区,开展沙漠化、盐碱化、水

土流失综合治理示范区,推广种植新疆杨、胡杨、柽柳、四翅滨藜等耐旱苗木,加快完善并巩固以林草植被为主体的生态安全体系;对于绿洲内的生态退化地区,加大封沙育林和人工补植补造,稳步实施退耕还林还草、退牧还草和退地还水,扩大轮作休耕试点,严格落实草原禁牧休牧和草畜平衡制度,提高封育的经济补贴标准,促进自然恢复;在重要的生态功能区,建议"退人工用材林和经济林还生态林",完善天然林保护制度,强化生态保护和恢复。

（2）推广生态保护修复技术。统筹自然生态各要素,实行整体保护、系统修复、综合治理,结合兵团南疆当前生态保护修复工程实际,总结操作性强、可推广、有针对性的生态保护修复技术,尤其是大力推广"窄林带、小网格"农田防护林建设技术、"平铺草方格＋高立式"沙漠公路固沙技术、四翅滨藜沙漠盐碱地改良技术、绿洲外围沙障＋生态林网天然林保护技术、膜下滴灌节水技术、大田自动化滴灌技术等荒漠土地沙化治理技术、绿洲盐碱化治理技术、重要生态系统保育技术、绿洲农林节水技术,进一步构建和完善生态保护修复技术体系。

（3）提前谋划好生态保护修复项目库。结合兵团南疆发展战略重点,强化规划引领,围绕生态修复、环境保护、人居环境整治、绿色发展,筹划筛选、科学建立兵团南疆团场连队项目库,强化管理,加大投入,有力支持项目库建设工作,全面提升项目库建设质量水平,同时完善项目库建设机制,协调各方,有力推进项目库建设;积极申请国家和兵团有关"三北"防护林、天然林资源保护和退耕还林、封沙育林、国家级公益林管护、退牧还草等重点林草保护工程的相关资金,全力以赴助力项目建设。

7.2　坚持节水优先,推动形成节水型生产生活方式

积极践行"节水优先、空间均衡、系统治理、两手发力"思路,全面落实最严格水资源管理制度,执行"三条红线"控制指标,大力发展生态农业和节水

农业,稳步推进工业和城市节水,多措并举、综合施策,把水资源作为经济社会发展刚性约束,不断提高节水意识和水平,大力建设节水型社会。

(1)向轻耗水型产业转型。强化用水需求管理,调整产业结构,优化用水结构,推进产业转移,加快农业节水建设,提高农业用水效率,保障新型工业化、城镇化发展用水需求,加快新建、扩建团场水利建设;科学实施退地减水,充分利用行政和经济两种手段,促进减水目标实现,提高水资源利用效率和效益;全面推行阶梯水价制度,建立健全农业水价形成机制,建议农业灌溉用水在限额指标内的按平价收取水费,冬、春灌超指标20%以内的按加价2倍收取水费,夏灌超指标20%以内的按加价1倍收取水费、超指标20%以上的按加价2倍收取水费,强化用水在线监测和计量,建立易于操作、用户普遍接受的农业用水"精准奖补"机制和措施,国家加强补贴政策支持,增强节水意识,凸显节水效果。

(2)推广农业高效节水增收的"沙雅模式"。以农业水价综合改革为牵引,综合施策,创新和完善农业用水管理体制机制,加强农业灌溉用水总量控制和定额管理制度,实现试点区渠系配套、田间高效节水工程设施完善、管护机制健全等目标,全面实施中央财政节水补贴、生态奖励、运行维护补助政策,实现农业增产、农民增收和显著的节水效果。同时,建议加快体制机制建设进度,加大运行、见效力度;建立农业水价综合改革落地机制,强化督导考评,开展农业水价综合改革自评估和第三方评估;协同推进体制机制改革,建立起实施主体和受益主体全面系统参与的管理监督机制。

(3)建立兵地水资源协调联动机制。在自治区人民政府的统一领导下,按照"兵地一盘棋,全疆一盆水"的理念,团结治水,融合发展,建立自治区和兵团的各级水利部门协调沟通机制,协调解决兵地间的水资源纠纷。针对干旱季节一些团场饮用水短缺等突出问题,水事纠纷处理按水法规定的原则进行,兵团所辖垦区内发生的水事纠纷,由兵团协调处理,地方、兵团之间发生的水事纠纷,由争议双方所在地上一级人民政府和兵团方上一级领导机关共同处理,处理不成的,由自治区人民政府处理。明确兵地水资源规划、取水许可管理、河道管理、工程建设管理、水土保持、防汛抗旱管理的权限和职责,此外,以上权限、职责的划分,国务院另有规定的(如塔里木河的管理体制),按照国务院规定执行。

(4)加强取用地下水管控。严格控制地下水超采地区取用地下水,对于地势低洼、盐碱化程度较高的农田,可因地制宜采取排涝洗盐等措施;地下水超采区严禁新增地下水开采,禁止新打井开采地下水;推动重点行业开展企业用水定额对标工作,对主要用水行业领域实施更严格的节水标准;依法从严规范机井建设审批和用水管理;未超采地区,通过机电双控等措施,强化地下水资源保护;报废的矿井、钻井、取水井实施封井回填;严格控制地下水资源消耗总量和水位控制,逐步实现地下水采补平衡。

(5)全面推进节水型社会建设。从加强和完善节水型社会制度与管理体系、逐步建立与水资源和水环境承载力相适应的国民经济体系、完善水资源高效利用的工程技术体系和加强自觉节水的社会行为规范体系四个方面,把节水工作贯穿于兵团南疆经济发展和群众生产生活全过程,以实践农业节水和再生水利用的具体措施和管理模式为重点,出台节水行动方案,建立健全节水激励机制,扎实开展团场节水达标行动,积极推进节水型机关、节水型连队、节水型企业、节水型学校建设,以"世界水日"和"中国水周"等宣传活动为契机,采取电视宣讲、制作版面、设立咨询台、发放宣传资料、悬挂条幅标语、出动水法宣传车等多种形式,营造了全社会关心、节约和保护水资源的浓厚氛围,增强广大市民的节水意识,使爱护水、节约水成为全兵团的良好风尚和自觉行动,努力把兵团南疆建设成全国节水典范。

7.3　坚持生态优先,提升可持续发展的生态承载力

坚持保护优先、绿色发展,扎实推进生态文明建设,缓解水资源供需矛

盾,协调产业发展,加强生态保护与修复,全面提升兵团南疆生态承载力。

(1)减缓生态系统压力度。针对生态系统压力度较大、产业结构不合理、人口密度大、排放强度较高的团场(第一师阿拉尔市及其周边的团场以及第三师图木舒克市等团场),牢固树立和践行"绿水青山就是金山银山"的理念,严守不破坏生态环境的底线,有序推进产业承接,防止跨区域污染转移;有序优化南疆师团人口分布格局,在生态承载力潜力较大、人口密度相对较小的师团,有序推进人口聚集和产业聚集,同时通过边境团场社会建设,增强公共服务功能,提升承载人口、吸纳就业的能力,引导人口合理、有序迁移,避免扎堆式居住格局的形成;严格落实产业准入负面清单,涉及图木舒克市国民经济 4 门类 20 大类 25 中类 30 小类和昆玉市国民经济 5 门类 17 大类 28 中类 32 小类;加强大气、重点流域及湖库、农业等重点领域污染防治,持续推进连队人居环境整治。

(2)提升生态系统弹性力。针对第三师的 51 团、53 团、46 团以及兵团南疆边缘地区的 37 团、36 团、皮山农场等生态弹性度较低地区,强化生态空间管控。严格落实生态保护红线管控要求,定期开展生态保护红线保护成效评估,开展重要生态系统的监测评估,了解重点生态功能区、生态脆弱区、生态敏感区的动态变化情况,加强图木舒克市、昆玉市等重点生态功能区(团场)环境质量监测、评价与考核;以增强生态系统功能为目标,以推动森林、草原和荒漠生态系统的综合整治和自然恢复为导向,立足塔里木河下游荒漠化防治生态功能保育区和叶尔羌河下游荒漠化防治生态功能保育区等 2 个重点生态功能区,统筹山水林田湖草沙一体化保护修复,加快实施重要生态系统保护和修复重大工程;建立体现重点区、焦点区、敏感点区不同等级的生态修复项目库;采用综合治理措施,合理应用不同的改良措施,开展土地综合整治工程;加快建立以国家公园为主体的自然保护地体系,建立统一规范高效的管理体制、创新自然保护地建设发展机制、加强自然保护地生态环境监督考核,为维护兵团生态安全、建设美丽兵团提供有力生态支撑。

(3)树立资源环境承载刚性约束意识。针对第十四师的一牧场、47 团、皮山农场、224 团、第二师的 37 团以及图木舒克市的 51 团、53 团、44 团、45 团、46 团等资源环境承载力较弱的团场,以及第一师的 3 团、10 团、11 团、16 团等水资源承载力较大的团场,要坚持减水、节水、减地、防治污染综合施策的方针,转变水资源利用理念和方式,加强水资源管理和节约保护,坚持把水资源、水生态、水环境承载力作为刚性约束,落实最严格水资源管理制度;开展重点领域水污染防治;严格落实耕地保护制度,强化管控、加强管理、严守红线,确保耕地质量稳中向好;合理利用草地资源,建立健全适应性放牧利用制度,科学优化放牧时间、放牧强度、放牧方式,合理利用草地,维护草地生态平衡;加强森林资源保护管理,强化占用林地常态化检查力度,加强辖区林地资源管理,对落地林区内的重大基础设施和民生建设项目规范流程、提速提效、特事特办、做好服务,开展严厉打击非法占用林地专项整治行动,有效保护森林资源和野生动植物资源安全,维护林区社会稳定。

7.4　坚持绿色发展,全面推动兵团南疆绿色转型

牢固树立"绿水青山就是金山银山"的理念,坚持绿色循环低碳发展,因地制宜开展"两山"实践创新基地建设,探索走出一条符合兵团南疆实际的生态良好、生产发展、生活富裕文明之路。

(1)生态保护修复为主的发展模式路径探索。该模式下的城镇(团场、连队)要坚持生态优先、绿色发展,加强生态保护修复治理的统筹规划,将生态保护修复和生态文明建设融入经济社会发展的全过程和各环节,围绕水土流失、土地沙化和盐碱化、水资源供需矛盾、环境基础设施建设滞后等突出问题,通过推行草原森林河流湖泊休养生息,实施"三北"防护林、天然林保护工程、退耕还林还草、重要湿地保护、水土保持、荒漠化防治等重大生态工程,以及持续打好升级版的污染防治攻坚战,构建以荒漠防风固沙林、防风阻沙基干林、农田防护林、生态经济林、人居绿化防护林为主多层次多梯度的五级生

态防护林保护屏障,建立生态系统修复、保护、管理"三位一体"的体制机制,全面改善区域生态环境质量;在改善质量的同时,统筹谋划农业生产、旅游开发、乡村振兴等重点工作,推动绿色生产生活方式转变,不断提升兵团南疆人民绿色发展的获得感和幸福感。

(2)生态制度建设为主的发展模式路径探索。结合塔里木河荒漠化防治生态功能区、阿尔金草原荒漠化防治生态功能区,以及罗布泊野骆驼自然保护区和托木尔峰自然保护区等生态重要地区,抓紧完成生态保护红线划定和勘界定标工作,以建立市场化、多元化的生态补偿机制为重点,积极争取国家有关资金支持,完善生态保护红线范围内的生态补偿机制。通过自然资源资产核算、绿色 GDP 核算等方法,摸清重点生态功能区的生态服务功能价值。以绿色资本市场、发展绿色金融为主要方向,不断探索绿色价值的金融化、资本化手段,通过造林等生态工程增加碳汇并构建碳排放权交易体系,健全用能权交易的管理,加强企业和第三方能力建设,建立相应的奖惩制度及用能权交易的管理名单。深入推进水权水价改革,加快建立以市场为导向的水价形成机制及水权转让机制,确定农业用水水权,全面推进初始水权确权登记工作。

(3)生态产业化为主的发展模式路径探索。该模式下的城镇(团场、连队)依托区域生态、资源、文化等优势,统筹谋划生态旅游、生态农业等重点工作。充分发挥垦区团场优势,通过引入生态有机农业种植方式,推进有机食品和绿色食品生产基地建设,重视农产品品牌效应,培育经营龙头企业,加快农业信息化服务体系建设,推进"生态+"经营模式,加强农业废弃物资源化利用,促进农林业向标准化、现代化、规模化方向发展,促进特色的棉花、大米、香梨、红枣、苹果等农产品向绿色化、无公害化、有机化方向发展。依托自然环境、田园景观、军垦文化、特色乡村和牧区等资源,挖掘区位、人文、环境优势,推动多浪水库—阿拉尔、塔河源—昆岗等具有地方及民族特色区域的观光休闲设施农业发展,推进并合理规划高科技生态农业观光园、生态农业公园、生态观光村建设发展。通过生活垃圾污水治理等补齐城镇(团场、连队)公共环境设施短板,采用微改造、微更新方式,对重要街区、重要地段和重要节点在保持传统路网、空间格局和生产生活方式等基础上开展环境整治改造,打造美丽民居、美丽院落、美丽街区、美丽河湖和美丽田园的同时,构建以观光旅游为基础,休闲度假为主导,专项旅游为特色的集观赏、民俗、体验、购物、休闲等为一体的生态旅游发展模式,打造多个特色旅游品牌,构建互联互通的旅游交通网,加大宣传力度,提高旅游产品知名度与竞争力。加强对生态旅游资源的分级分类保护,对生态脆弱区,环境敏感区和珍贵自然景观与人文景观采取严格的保护措施,建立旅游区生态环境保护的日常监督管理规范制度。

(4)产业生态化为主的发展模式路径探索。该模式下的城镇(团场、连队)以环境保护优化经济发展、引导产业布局、倒逼结构转型,强化环境硬约束推动去除落后和过剩产能,严格环保能耗要求促进传统产业加快升级改造。强化工业清洁生产,推进以天然气、能源绿色技术为主要内容的化石能源高效清洁利用,鼓励绿色节能低碳技术创新,优化清洁能源资源配置。完善工业生态园区建设,强化规划引导,优化产业带、产业园区和基地的空间布局,鼓励企业间、产业间建立物质流、资金流、产品链紧密结合的循环经济联合体,促进工业、农业、服务业等产业间共生耦合,形成循环链接的产业体系,提高资源利用率,科学规划流通业布局,减少流通环节,发展多式联运,积极发展连锁经营、统一配送、电子商务等现代流通方式,加快推动产业布局向集约高效、协调优化的转变。发展新型工业化,加快培育新材料、生物医药、光伏发电、节能环保等战略新兴产业。推进资源节约循环利用,加大节能、节水、节地、节材等工作力度,构建"互联网+"再生资源回收利用体系,鼓励互联网企业参与搭建城市废弃物回收平台,创新再生资源回收模式,提高再生资源回收利用率和循环利用水平。缺水地区同步规划建设再生水管网,扩大中水、城市再生水等应用范围。提高城镇居民节约意识,培养节水、节纸、节能、节电、节粮的生活习惯,反对铺张浪费,推广节能节水产品、绿色照明产品、再生产品、再制造产品等。

参考文献

阿力木江,2009. 新疆沙质荒漠化防治区划及分区防治模式研究[D]. 北京：中国林业科学研究院.

白钰,曾辉,魏建兵,2008. 关于生态足迹分析若干理论与方法论问题的思考[J]. 北京大学学报(自然科学版)(3):493-500.

蔡鸿毅,程诗月,刘合光,2017. 农业节水灌溉国别经验对比分析[J]. 世界农业(12):4-10.

曹宇,王嘉怡,李国煜,2019. 国土空间生态修复:概念思辨与理论认知[J]. 中国土地科学,33(7):1-10.

陈晨,张哲,王文杰,等,2013. 基于GIS的伊犁河谷地区生态承载力研究[J]. 环境工程技术学报,3(6):532-539.

陈家模,2009. 四种人工固沙植物群落对土壤养分及生物活性的改良作用[D]. 沈阳:东北大学.

陈乐天,王开运,邹春静,等,2009. 上海市崇明岛区生态承载力的空间分异[J]. 生态学杂志(4):734-739.

陈良富,高彦华,李丽,等,2007. 基于MODIS晴空数据的森林日净第一性生产力估算[J]. 中国科学(D辑:地球科学)(11):1515-1521.

陈蓬,2005. 中国林业生态工程管理机制研究[D]. 北京:北京林业大学.

陈树荣,姜鸿树,2010. 新疆崛起沙漠特色农业——"油莎豆"新兴产业[N]. 人民日报海外版,08-23(8).

程国栋,2002. 承载力概念的演变及西北水资源承载力的应用框架[J]. 冰川
　　冻土(4):361-367.

崔昊天,贺桂珍,吕永龙,等,2020. 海岸带城市生态承载力综合评价——以连
　　云港市为例[J]. 生态学报,40(8):2567-2576.

崔书红,2021. 生态文明示范创建实践与启示[J]. 环境保护,49(12):34-38.

丁新辉,刘孝盈,刘广全,等,2019. 京津风沙源区沙障固沙技术评价指标体系
　　构建[J]. 生态学报,39(16):5778-5786.

丁超,2013. 支撑西北干旱地区经济可持续发展的水资源承载力评价与模拟
　　研究[D]. 西安:西安建筑科技大学.

方一旭,2016. 朝阳市草原沙化治理政策执行效果评估分析[D]. 大连:大连
　　理工大学.

冯长红,2006. 京津风沙源治理工程区建设成效及可持续发展策略[J]. 绿色
　　中国(6):35-35.

封志明,李鹏,2018. 承载力概念的源起与发展:基于资源环境视角的讨论
　　[J]. 自然资源学报(9):1475-1489.

付战勇,马一丁,罗明,等,2019. 生态保护与修复理论和技术国外研究进展
　　[J]. 生态学报,39(23):9008-9021.

高吉喜,2001. 可持续发展理论探讨:生态承载力理论方法与应用[M]. 北京:
　　中国环境科学出版社.

高鹭,张宏业,2007. 生态承载力的国内外研究进展[J]. 中国人口·资源与环
　　境,17(2):8.

葛美玲,封志明,2008. 基于 GIS 的中国 2000 年人口之分布格局研究——兼
　　与胡焕庸 1935 年之研究对比[J]. 人口研究(1):7.

宫一路,李雪铭,2021. 城市中心区绿地系统生态承载力空间格局研究[J]. 生
　　态经济,37(3):223-229.

顾康康,2012. 生态承载力的概念及其研究方法[J]. 生态环境学报(2):

389-396.

顾毓蓉,薛庆举,万翔,等,2020. 基于 P-IBI 因子分析法评价生态修复后松雅湖水生态状况[J]. 应用与环境生物学报,26(6):1325-1334.

国家节水灌溉工程技术研究中心(新疆),2014. 大田滴灌自动化灌溉技术的应用和存在问题及对策——2014 年 9 月全疆农业高效节水信息化建设现场会交流材料[R/OL].(2014-09-16)[2022-05-20]. http://www.jsgg. com. cn/Index/Display. asp? NewsID=18890.

国家林业局,2003. 全国林业生态建设与治理模式[M]. 北京:中国林业出版社.

胡彩娟,2020. 打开"两山"转化通道的浙江实践、现实困境与破解策略[J]. 农村经济(5):83-90.

胡明芳,田长彦,赵振勇,等,2012. 新疆盐碱地成因及改良措施研究进展[J]. 西北农林科技大学学报(自然科学版),40(10):111-117.

胡宗培,邱玉舫,2004. 适宜盐碱地、干旱和半旱地区种植的优良灌木树种——四翅滨藜[J]. 中国水土保持(6):44-45.

黄月艳,2010. 荒漠化治理效益与可持续治理模式研究[D]. 北京:北京林业大学.

纪学朋,白永平,杜海波,等,2017. 甘肃省生态承载力空间定量评价及耦合协调性[J]. 生态学报(17):5861-5870.

金悦,陆兆华,檀菲菲,等,2015. 典型资源型城市生态承载力评价——以唐山市为例[J]. 生态学报,35(14):4852-4859.

孔东升,2009. 四翅滨藜在国内的引种表现及应用研究综述[J]. 西北林学院学报,24(4):125-129.

赖亚飞,2007. 吴起县退耕还林工程效益评价及其绿色 GDP 核算[D]. 北京:北京林业大学.

李春华,叶春,刘燕,等,2019. 山水林田湖草思想的理论内涵及生态保护修复

实践——以广西左右江流域工程试点为例[J]. 环境工程技术学报,9(5):
499-506.

李达净,张时煌,刘兵,等,2018. "山水林田湖草—人"生命共同体的内涵、问
题与创新[J]. 中国农业资源与区划,39(11):1-5,93.

LIETH H,WHITTAKER R H,1985. 生物圈的第一性生产力[M]. 王业蘧,
等,译. 北京:科学出版社.

李红悦,哈斯额尔敦,2020. 机械沙障固沙效应及生态效应的研究综述[J]. 北
京师范大学学报(自然科学版),56(1):63-67.

李永洁,王鹏,肖荣波,2021. 国土空间生态修复国际经验借鉴与广东省实施
路径[J]. 生态学报,41(19):7637-7647.

刘畅,祁毅,姚红,等,2020. 新时代背景下生态承载力研究要义与优化对策探
讨[J]. 生态经济,36(6):173-180.

刘世梁,武雪,朱家蓊,等,2019. 耦合景观格局与生态系统服务的区域生态承
载力评价[J]. 中国生态农业学报(中英文),27(5):694-704.

刘婷,赵伟,黄婧,等,2018. 三峡库区重庆段生态承载力时空演变研究[J]. 西
南大学学报:自然科学版,40(1):115-125.

刘威尔,宇振荣,2016. 山水林田湖生命共同体生态保护和修复[J]. 国土资源
情报(10):37-39.

刘煜杰,2019. 深入理解"两山"管理规程 积极推进"两山"基地建设[J]. 中国
生态文明(5):19-21.

刘子义,1994. 新疆内陆干旱重盐碱地区暗管排水技术的应用[J]. 农田水利
与小水电 (7):9-13,48.

骆汉,胡小宁,谢永生,等,2019. 生态治理技术评价指标体系[J]. 生态学报,
39(16):5766-5777.

毛汉英,余丹林,2001. 区域承载力定量研究方法探讨[J].地球科学进展,16
(4):549-555.

木合塔尔·吐尔洪,木尼热·阿布都克力木,西崎·泰,等,2008. 新疆南部地区盐碱化土壤的分布及性质特征[J]. 环境科学与技术(4):28-32.

彭建,李冰,董建权,等,2020. 论国土空间生态修复基本逻辑[J]. 中国土地科学,34(5):18-26.

彭少麟,2004. 恢复生态学[M]. 北京:气象出版社.

彭艳红,靖玉明,刘道行,等,2010. 南四湖新薛河湖滨带湿地修复效果评价[J]. 中国人口·资源与环境,20(1):134-137.

PETER B G,李晓炜,2007. 景观方法在湿地保护与合理利用中的应用[J]. 湿地科学与管理(1):24-26.

乔梅,2019. 陕北退耕区水土保持技术评估[D]. 咸阳:西北农林科技大学.

舒新成,2019. 辞海(第六版)[M]. 上海:上海辞书出版社.

孙景波,2009. 黑龙江省林业生态工程发展战略与对策研究[D]. 哈尔滨:东北林业大学.

孙美乐,蔺国仓,回经涛,等,2020. 粉垄耕作对新疆盐碱土理化性质及棉花生长影响[J]. 中国土壤与肥料(6):58-64.

塔吉姑丽·达吾提,2020. 南疆垦区土壤盐碱化特征及不同管径和间距暗管排盐效果研究[D]. 阿拉尔市:塔里木大学.

田长彦,周宏飞,刘国庆,2000. 21世纪新疆土壤盐碱化调控与农业持续发展研究建议[J]. 干旱区地理(2):177-181.

王波,王夏晖,2017. 推动山水林田湖生态保护修复示范工程落地出成效——以河北围场县为例[J]. 环境与可持续发展,42(4):11-14.

王波,王夏晖,张笑千,2018. "山水林田湖草生命共同体"的内涵、特征与实践路径——以承德市为例[J]. 环境保护,46(7):60-63.

王波,何军,王夏晖,2020. 山水林田湖草生态保护修复试点战略路径研究[J]. 环境保护,48(22):50-54.

王贵忠,2005. 民勤绿洲棉花节水灌溉试验研究[D]. 西安:西安理工大学.

王家骥,姚小红,李京荣,等,2000. 黑河流域生态承载力估测[J]. 环境科学研究,13(2):44-48.

王金南,苏洁琼,万军,2017."绿水青山就是金山银山"的理论内涵及其实现机制创新[J]. 环境保护,45(11):13-17.

王念秦,李仁伟,蒲凯超,等,2019. 中国地质环境承载力评价研究进展[J]. 环境科学与技术,42(1):150-155.

王维,张涛,王晓伟,等,2017. 长江经济带城市生态承载力时空格局研究[J]. 长江流域资源与环境,26(12):30-38.

王夏晖,何军,饶胜,等,2018. 山水林田湖草生态保护修复思路与实践[J]. 环境保护,46(Z1):17-20.

王夏晖,王波,等,2019. 山水林田湖草生态保护修复基本理论与工程实践[M]. 北京:中国环境出版集团.

王夏晖,何军,牟雪洁,等,2021. 中国生态保护修复 20 年:回顾与展望[J]. 中国环境管理,13(5):85-92.

王晓光,卜凡敏,曲海滨,2016. 暗管排盐技术在新疆盐碱地的应用研究[J]. 新疆农业科技(6):17-19.

王旭,孙兆军,杨军,等,2016. 几种节水灌溉新技术应用现状与研究进展[J]. 节水灌溉(10):109-112,116.

王治国,张云龙,刘徐师,等,2000. 林业生态工程学:林草植被建设的理论与实践[M]. 北京:中国林业出版社.

韦本辉,2016. 一种粉垄暗沟系统设置使土壤淡盐排盐增产方法:CN201410846135.X[P]. 2016-08-31.

韦本辉,申章佑,周佳,等,2017. 粉垄改造利用盐碱地效果初探[J]. 中国农业科技导报,19(10):107-112.

魏晓旭,颜长珍,2019. 生态承载力评价方法研究进展[J]. 地球环境学报,10(5):441-452.

吴钢,赵萌,王辰星,2019. 山水林田湖草生态保护修复的理论支撑体系研究
　　[J]. 生态学报,39(23):8685-8691.

吴鹤吟,张淑艳,2018. 农田防护林防护效益研究综述[J]. 现代农业科技
　　(19):177-178,182.

吴普特,冯浩,牛文全,等,2007. 现代节水农业技术发展趋势与未来研发重点
　　[J]. 中国工程科学(2):12-18.

吴玉柏,纪建中,2007. 从国内外农业节水现状看江苏省农业节水发展重点
　　[J]. 水资源保护(3):88-91.

熊建新,陈端吕,谢雪梅,2012. 基于状态空间法的洞庭湖区生态承载力综合
　　评价研究[J].经济地理,32(11):138-142.

徐飞,焦玉国,唐丽伟,等,2021. 泰安市山水林田湖草生态修复区生态脆弱性
　　评价与生态修复对策研究[J/OL]. 现代地质:1-14[11-28].

许联芳,杨勋林,王克林,等,2006. 生态承载力研究进展[J]. 生态环境学报,
　　15(5):1111-1116.

许有鹏,1993. 干旱区水资源承载力能力综合评价研究——以新疆和田河流
　　域为例[J]. 自然资源学报,8(3):229-237.

杨锐,曹越,2019. "再野化":山水林田湖草生态保护修复的新思路[J]. 生态
　　学报,39(23):8763-8770.

杨贤智,1990. 开发草地资源发展农区草业[J]. 广东农业科学(1):44-46.

杨文斌,冯伟,李卫,2016. 低覆盖度治沙的原理与模式[J]. 防护林科技(4):
　　1-5.

杨雪荻,白永平,车磊,等,2020. 甘肃省生态安全时空演变特征及影响因素解
　　析[J]. 生态学报,40(14):4785-4793.

杨志峰,隋欣,2005. 基于生态系统健康的生态承载力评价[J]. 环境科学学报
　　(5):586-594.

姚中英,赵正玲,苏小琳,2005. 暗管排水在干旱地区的应用[J]. 塔里木大学

学报(2):76-78.

余灏哲,李丽娟,李九一,2021. 京津冀水资源承载力风险评估模型构建研究
[J]. 地理研究,40(9):15.

于贵瑞,张雪梅,赵东升,等,2022. 区域资源环境承载力科学概念及其生态学
基础的讨论[J/OL]. 应用生态学报:1-15[02-27].

于颖,杨曦光,范文义,2016. 农田防护林防风效能的遥感评价[J]. 农业工程
学报,32(24):177-182.

袁汉民,2012. 澳大利亚盐碱地改良利用的考察与思考[J]. 世界农业(3):
57-59.

曾贤刚,秦颖,2018. "两山论"的发展模式及实践路径[J]. 教学与研究(10):
17-24.

张传国,方创琳,全华,2002. 干旱区绿洲承载力研究的全新审视与展望[J].
资源科学(2):42-48.

张浪,朱义,张晨笛,等,2016. 城市绿地生态技术适宜性评估与集成应用[J].
中国园林,32(8):5-9.

张泽宇,葛云,郑一江,等,2020. 芦苇高立式沙障成束装置孔隙率控制机构的
设计与试验[J]. 江苏大学学报(自然科学版),41(5):535-540.

张帅,丁国栋,高广磊,等,2018. 不同年限的草方格沙障对生态恢复的影响
[J]. 中国水土保持科学,16(5):10-15.

张文明,2020. 完善生态产品价值实现机制——基于福建森林生态银行的调
研[J]. 宏观经济管理(3):73-79.

张鑫,李朋瑶,宇振荣,2015. 乡村环境保护和管理的景观途径[J]. 农业资源
与环境学报,32(2):132-138.

翟治芬,2012. 应对气候变化的农业节水技术评价研究[D]. 北京:中国农业
科学院.

赵东升,郭彩赟,郑度,等,2019. 生态承载力研究进展[J]. 生态学报,39(2):

399-410.

赵先贵,肖玲,兰叶霞,等,2005. 陕西省生态足迹和生态承载力动态研究[J].
中国农业科学,38(4):746-753.

赵小庆,刘和,路战远,等,2019. 北方风沙区油莎豆防风固沙技术模式[J]. 现
代农业(7):13-14.

中共中央文献研究室,2017. 习近平关于社会主义生态文明建设论述摘编
[M]. 北京:中央文献出版社.

中国林业研究所,1990. 滨藜译文集[M]. 北京:中国林业出版社:37-59.

周丹丹,2009. 生物可降解聚乳酸(PLA)材料在防沙治沙中的应用研究[D].
呼和浩特:内蒙古农业大学.

朱俊凤,朱震达,1999. 中国沙漠化防治[M]. 北京:中国林业出版社.

朱海娟,2015. 宁夏荒漠化治理综合效益评价研究[D]. 咸阳:西北农林科技
大学.

ARANI B M S,CARPENTER S R,LAHTI L,et al,2021. Exit time as a
measure of ecological resilience[J]. Science,372:4895.

BASTIAANSEN R,DOELMAN A,EPPINGA M B,et al,2020. The effect
of climate change on the resilience of ecosystems with adaptive spatial
pattern formation[J]. Ecology Letters,23:414-429.

BRADSHAW A D,1983. The Reconstruction of Ecosystems:Presidential
Address to the British Ecological Society,December 1982[J]. Journal of
Applied Ecology,20(1):1.

DIAMOND J,1985. Ecology:how and why eroded ecosystems should be
restored[J]. Nature,313(6004):629-630.

DIJK J V, STROETENGA M, BODEGOM P M V,et al, 2007. The
contribution of rewetting to vegetation restoration of degraded peat
meadows[J]. Applied Vegetation Science,10(3):315-324.

GUTHERY F S ,BAILEY J A,1984. Principles of wildlife management[J]. Quarterly Review of Biology,66(1):203.

HAWKEN P,1993. The Ecology of Commerce[M]. Harper Business,NY .

HU J J,HUANG Y,DU J,2021. The impact of urban development intensity on ecological carrying capacity:a case study of ecologically fragile areas [J]. International Journal of Environmental Research and Public Health, 18(13):7094-7094.

HUDAK A T,1999. Rangeland mismanagement in South Africa:failure to apply ecological knowledge[J]. Human Ecology,27(1):55-78.

HOBBS R J,NORTON D A,1996. Towards a conceptual framework for restoration ecology[J]. Restoration Ecology,4(2):93-110.

HOLEEHEK J L,et al, 1989. Range Management Principles and Practices [Z]. Prentice-Hall,Inc. New Jersey,501.

HOLLING C S,1973. Resilience and stability of ecological systems[J]. Annual Review of Ecology and Systematics,4:1-23.

IMMERZEEL W W,LUTZ A F,ANDRADE M,et al,2020. Importance and vulnerability of the world's water towers[J]. Nature,577:364-369.

INÉS S, RAFAEL C M,DAVID M B,2008. GIS-based planning support system for rural land-use allocation[J]. Computers & Electronics in Agriculture,63(2):257-273.

KLIMKOWSKA A,ELST D J D,GRPOTJANS A P,2015. Understanding long-term effects of topsoil removal in peatlands:overcoming thresholds for fen meadows restoration[J]. Applied Vegetation Science, 18 (1): 110-120.

MEEHAN W R,1991. Introduction and Overview:influences of forest and rangeland management on Salmonid fishes and their habitats [J].

American Fisheries Society Special Publication,19:1-15.

PARK R E,BURGESS E W,1921. Introduction to the science of sociology [M]. Chicago:University of Chicago Press.

REES W E,1990. The ecology of sustainable development[J]. Ecologist,20 (1):18-23.

SCHRAUTZER J,ASSHOFF M,MULLER F,1996. Restoration strategies for wet grasslands in Northern Germany[J]. Ecological Engineering,7 (4):255-278.

SEAHRA S E,YURKONIS K A,NEWMAN J A,2016. Species patch size at seeding affects diversity and productivity responses in establishing grasslands[J]. Journal of Ecology,104(2):479-486.

SMAAL A C, PRINS T C, DANKERS N, et al, 1998. Minimum requirements for modelling bivalve carrying capacity [J]. Aquatic Ecology,31:423-428.

STEWARD C,BJORNN T C,1990. Fill'er up:stream carrying capacity[J]. Focus-Renewable-Resour, 15:16-17.

TAYLOR D R, AARSSEN L W, LOEHLE C, 1990. On the relationship between r/K selection and environmental carrying capacity:a new habitat templet for plant life history strategies [J]. Oikos,58(2):239-250.

WANG S, YANG F, XU L, et al, 2013. Multi-scale analysis of the water resources carrying capacity of the Liaohe basin based on ecological footprints [J]. Journal of Cleaner Production,53:158-166.

ZHANG Y X, FAN J W, WANG S Z, 2020. Assessment of ecological carrying capacity and ecological security in China's typical Eco-engineering areas[J]. Sustainability,12(9):3923.